Spaeths

LEGENDÄRE FLUGZEUGE

Andreas Spaeth

Motor buch Verlag

Der Autor
Andreas Spaeth interessiert sich seit frühester Kindheit für Verkehrsflugzeuge. Spaeth ist einer der international bekanntesten Luftfahrtjournalisten, bei aktuellen Anlässen ein gefragter Gesprächspartner in aktuellen Fernsehsendungen, im Radio, in Filmdokumentationen und Co-Host des erfolgreichen Podcasts Flugforensik (www.flugforensik.de). Dieses Buch ist der Rückblick auf ein halbes Jahrhundert als Passagier in Verkehrsflugzeugen auf allen Kontinenten in Form eines Flugzeugquartetts.

Der Autor ist zu erreichen über
www.aspapress.com,
Twitter/X @SpaethFlies,
Instagram @andreas_spaeth_flies

Widmung
Ich widme dieses Buch
meinem Podcast Co-Host
und Avgeek-Freund Benjamin Denes.

Fotografen in diesem Buch
Dirk Grothe www.digroaero.com
Michael Penner www.michael-penner.de
Sebastian Thoma www.atcpilot.com
Ralf Kokoschka, Joachim Schreiber,
Manfred Winter

Einbandgestaltung:
schreiberVIS, Seeheim

ISBN: 978-3-613-04766-2

Dieses Buch wurde nach den geltenden Vorschriften der General Product Safety Regulation (GPSR) entwickelt. Bei Fragen oder Problemen wenden Sie sich bitte an den Verlag unter folgender E-Mail-Adresse:
gpsr@paul-pietsch-verlage.de

Sie finden uns im Internet unter:
www.motorbuch-verlag.de

1. Auflage 2025

Layout, Satz und Prepress:
schreiberVIS, Seeheim

Druck und Bindung:
DZS Grafik d.o.o., 1210 Ljubljana
Printed in Slovenia

Inhaltsverzeichnis

Ferner (ge)flogen

Mitgeflogen

Anhang

Flugzeugquartett

Vorwort

Über 50 Jahre Flugerlebnis in Quartettkarten

Als ich 1973 mit sieben Jahren erstmals ein Verkehrsflugzeug benutzte, sollte das mein Leben verändern. Der Flug in BAC 1-11 des damaligen Ferienfliegers Germanair von Düsseldorf über Frankfurt nach Málaga in Spanien war eine Pauschalreise mit meinen Eltern, und sie entfachte meine lebenslange Begeisterung für die Passagierfliegerei, die bis heute anhält. Ich habe keinen familiären Hintergrund in der Luftfahrt, aber ich beschloss irgendwann, Journalist mit dem Spezialgebiet Luftverkehr zu werden, auch um einen guten Grund zu haben, in meinem Leben möglichst viele interessante Flüge zu machen. Das tue ich bis heute. Wenn ich dank meiner schon früh begonnenen Aufzeichnungen darüber, wann ich mit welchem Flugzeug in welcher Zeitspanne wohin geflogen bin, überschlage, komme ich auf rund 75 Typen an kommerziellen Verkehrsflugzeugen, bei denen ich in einem halben Jahrhundert als Passagier an Bord war. Nicht eingerechnet sind Sportflugzeuge, Motorsegler und Segelflugzeuge, Ultraleichtflugzeuge, Hubschrauber, Ballons und Luftschiffe, mit denen ich allen auch unterwegs war.

Mit der Redaktion des Online-Luftfahrtportals airliners.de habe ich im Sommer 2023 gemeinsam überlegt, was ich als nächstes für eine Kolumne schreiben könnte. Ich erinnerte mich daran, wie ich als Schüler mit meinen Klassenkameraden früher oft in der Pause Flugzeugquartett gespielt habe und wie beliebt Technikquartetts damals waren. Daher jetzt die Idee, für die Kolumne die Form des Quartetts mit technischen Daten zu einem Flugzeugtyp zu verknüpfen mit meinen persönlichen Erlebnissen in 32 Verkehrsflugzeugmustern, mit denen ich geflogen war. So entstand die monatliche Kolumne „Spaeths Flugzeugquartett", die seit September 2023 monatlich auf airliners.de erscheint und sich bei den Usern ziemlicher Beliebtheit erfreut. Mit Motorbuch machen wir jetzt ein Buch daraus inklusive heraustrennbarer Quartettkarten, die man tatsächlich als Kartenspiel nutzen kann. Für mich sind die hier erzählten Geschehnisse aus über 50 Jahren fast ein wenig wie meine vorgezogenen Memoiren, erzählt anhand von Flugzeugtypen. Ich wünsche viel Spaß beim Lesen – und ggf. viel Glück beim Spielen.

Hamburg, im Frühjahr 2025

Danksagung

Ich danke David Hasse von airliners.de für die gemeinsame Entwicklung dieses Formats und seine Unterstützung auch unkonventioneller Ideen. Dank auch an Alexander Burden, den Programmleiter Luftfahrt bei Motorbuch, für die Bereitschaft, ein etwas ungewöhnlicheres Buch zu machen, inklusive nutzbarer Spielkarten. Dank auch an den Grafiker Joachim Schreiber, der sich wieder wie schon zuvor mit Enthusiasmus der Aufgabe gewidmet hat, diese Idee gestalterisch als Buch umzusetzen. Und ein großer Dank an Dirk Grothe aus Hamburg, der ziemlich genau so lange wie ich sein Interesse der Luftfahrt widmet und seit den achtziger Jahren professionelle Fotos von Verkehrsflugzeugen aufnimmt. Von seinem angesammelten visuellen Schatz profitiert auch dieses Werk.

„Das technische Quartett ist eine deutsche Erfindung“

Technische Quartette und auch Flugzeugquartette haben sich als eine eigene Spiel- und Kulturform herausgebildet, die ersten gab es schon vor dem Zweiten Weltkrieg. Ein Experte und Sammler weiß alles über die Spielkarten mit Jets und anderen Vehikeln. Er kennt aber auch Kartenspiele mit Möbeln oder Diktatoren als Motive. Nachfolgend ein Interview mit Chris Reisse, von Beruf Werbetexter aus Hamburg. Reisse ist Quartettsammler und seit 2010 Betreiber der ultimativen Onlinequelle über Quartette aller Art: *https://quartettblog.wordpress.com*

Wie kommst Du zum Thema Quartett?

Chris Reisse: Ich habe als Kind schon Quartett gespielt, meist gezockt mit meinen Kumpels beim Autoquartett in der Schule und anderswo. Meistens zu zweit, man kann aber auch zu dritt oder zu viert spielen.

Wie spielt man denn Quartett, vor allem Flugzeugquartett?

Mich interessiert daran vor allem die Trumpf-Spielweise mit technischen Angaben. Bei den Flugzeugquartetten geht es ja darum, einer gibt an und verteilt die Karten. Dann sagt der erste eine technische Angabe, zum Beispiel „Spannweite: 60 Meter“, und wer die größte Spannweite auf seiner oben liegenden Karte findet, kriegt die Karten der anderen und schiebt sie unter seinen Stapel. Das spielt man so lange, bis entweder einer keine Karten mehr hat oder der gewinnt, der nach einer festgelegten Zeit die meisten Karten hat. Es gibt natürlich Zusatzregeln – was passiert zum Beispiel, wenn beide die gleiche Spannweite haben. Wir haben das so gespielt: Die Karten werden auf den Tisch gelegt und es gibt noch mal einen Stich. Wer zuerst „erster Stecher“ ruft, kann als erster seinen nächsten Wert sagen und darf den bestmöglichen Wert nehmen, der auf der oben liegenden Karte steht. So wächst und wächst der Stapel in der Hand und am Ende hat man gewonnen. Wenn man kurz vor Ende nur noch drei Karten besaß, konnte man die Auswahl nutzen und sich die beste Karte herauspicken.

Offiziell aber gab es eigentlich andere Regeln, oder?

Ja, dieses gerade erwähnte Trumpfquartett haben die Kinder quasi selbst erfunden, darüber gab es bis etwa 1970 keine schriftliche Regel. Die offiziellen Regeln gab und gibt es immer noch oft zu lesen. Nur die Trumpfregeln wurden erstmals 1970 von einigen Herstellern erklärt, obwohl die Kinder schon seit 15 Jahren danach spielten. Diese von den Spielern selbst erfundenen Trumpfregeln waren das entscheidend Neue an technischen Quartetten und haben wohl zum enormen Erfolg dieses Spiels geführt. Die Regeln, die auf den meisten Spielanleitungen standen, waren andere: Da musste man Viererquartette vervollständigen und fragen: „Hast Du 1A?“, und dann kam der nächste dran. Das Ziel war, möglichst viele vollständige Viererquartet-

→ Flugzeugquartett aus den späten Sechzigerjahren. (Spaeth)

te zu haben. Wer die meisten hatte, war der Gewinner, der hatte dann vielleicht vier Quartetts und die anderen nur jeweils zwei.

Wie viele Karten hat denn ein Spiel typischerweise und wie ist das Format?

Ein Spiel hat üblicherweise 32 oder 36 Karten, acht oder neun Quartette. Es gibt auch Quartette mit nur 24 Karten, weil es natürlich billiger ist in der Produktion, aber es gab auch welche mit 40 Karten. Die Standardgröße der Karten war fast immer 6,5-mal zehn Zentimeter, erst Ende der siebziger Jahre hat sich das kleinere, sogenannte Skatformat durchgesetzt. Das war drucktechnisch günstiger und sparte Papier in einer Zeit, in der es immer weniger Kinder gab. Ab den neunziger Jahren begann dann langsam der Niedergang der Quartette, die Einführung neuer elektronischer Ablenkungen wie Gameboy und ähnlichem hatte daran sicher auch einen Anteil. Die Karten und Kästen wurden kleiner und verkauften sich trotzdem noch, aber eben in geringeren Stückzahlen. Entscheidend ist, dass die Karten gut in der Hand liegen, es gibt auch Hoch- und Querformate, es gibt runde Karten und Mini-Quartette. Aber die meisten sind heute im Skatformat.

Wer war denn die Hauptzielgruppe?

Ich würde sagen, Jungen zwischen acht und 13, ich habe sogar schon eher damit angefangen und habe sogar laut meinen Eltern früh lesen gelernt, weil ich unbedingt mit den „Großen" Quartett spielen wollte! Weil ich einen jüngeren Bruder habe, der nach mir anfing und ein Autofreak war, habe ich noch gespielt, bis ich vielleicht 16 war. Mit Kumpels, die im Alter zwischen uns waren, haben wir eine Vierer-Spielgruppe gebildet und in unserem Wochenendhaus gespielt bis zum geht nicht mehr. Am Ende haben alle geschummelt und manche Karten sahen richtig schlimm aus, weil wir uns die gegenseitig aus Wut aus der Hand gerissen haben. Das war eine Leidenschaft, irgendwann konnte man die Karten auch fast auswendig. Und im Unterschied zu vielen anderen Spielsachen waren Quartette immer Spiele, die sich Kinder meist selbst vom Taschengeld gekauft haben.

Zu was für Themen gibt es überhaupt Quartette?

Vor allem zu technischen Themen wie Autos, Rennautos, Flugzeuge, Schiffe, Panzer. Es fing an mit Autos und Flugzeugen, schon in den sechziger Jahren kamen Züge und Rennwagen hinzu. Dann hat es sich immer weiter aufgefächert, in den siebziger Jahren gab es vier große Spielkartenfirmen in Deutschland, jede hatte etwa 20 Quartette im Angebot, so gab es insgesamt etwa 80 Quartette, die für Kinder auf dem Markt waren. Das war ein gigantisch großer Markt für die damalige Zeit. Allein im Bereich Flugzeuge gibt es Quartetts über Militärflugzeuge, Verkehrsflugzeuge, Sportflugzeuge, Hubschrauber, Segelflieger, Raketen. Im Prinzip wurden zu allen Bereichen, wo es mehr als ein Vehikel gibt und man damit technische Daten vergleichen kann, Quartette hergestellt bis hin zu obskursten Dingen. Heute allerdings gibt es noch seltsamere Spiele, zum Beispiel das berühmte Tyrannenquartett, wo man mit Angaben zu Diktatoren wie Mussolini oder Hitler gegeneinander spielt, etwa zur Höhe des zusammengerafften Vermögens oder der Zahl der getöteten Gegner. Das ist das gleiche Prinzip. Es lässt sich vieles „quartettisieren", ich habe alles Mögliche, vom Berliner Mauerquartett bis hin zum Quartett mit Ikea-Möbeln oder ein

UFO-Quartett, auch da stehen Angaben drin, die hat sich wohl jemand ausgedacht.

Es gab ja auch immer wieder neue Einfälle, um Quartette attraktiver zu machen.
Ja, auf den Rückseiten der Deckblätter gab es etwa Berufstipps oder einen „Jetpiloten-Ausweis", es gab auch Zusatzkarten mit den Logos von Fluggesellschaften. Das war ein Wettbewerb mit harter Konkurrenz der Anbieter. Wenn der eine kam mit dem „Spitzentrumpf", brachten die anderen einen „Blitztrumpf", die nächsten den „Supertrumpf" und so weiter.

Welche Rolle spielen denn insgesamt Flugzeugquartetts bei Quartettspielen?
Eine große Rolle. Quartette mit Autos und dann Rennautos waren natürlich mit Abstand am interessantesten, weil man die Autos auf der Straße sehen konnte und Kinder früher autobegeistert waren. Da haben sich alle die Nasen an den Scheiben eines Ferraris platt gedrückt, um zu schauen, welche Höchstgeschwindigkeit auf dem Tacho stand. Heute ist das nicht mehr der Fall, auch deshalb ist das als Spielthema in den Hintergrund getreten. Dahinter waren aber gleich Flugzeugquartette ganz weit mit vorn, obwohl die natürlich den Nachteil hatten, dass die Kinder an die Flugzeuge nicht so gut rankamen, aber man kannte sie trotzdem.

Aus den Quartetten von damals spricht eine klare Technikbegeisterung …
Ja, nach dem Motto „Mein Auto ist schneller als Deins", aber das ist bei Kindern heute nicht mehr so im Blut. Auch wenn es immer noch viele Leute gibt, die gern ein schnelles Auto fahren oder in einem schnellen Flugzeug fliegen. Das war von den Sechzigern bis in die Achtziger ein Thema, unbedingt besser sein zu wollen in technischen Dingen, schneller, höher, weiter. Und noch eins ist interessant: Bevor es realistische Computerspiele gab, waren Flugzeug- oder Autoquartette mit die einzigen Spielzeuge, die mit und in der Realität spielen. Es gibt kein anderes Spielkonzept, das so die Realität 1:1 abbildet. Am meisten natürlich bei Rennautos, wo es ja fast ausschließlich um die Geschwindigkeit geht.

Sind Quartette dieser Art vor allem eine deutsche Sache gewesen, oder gab es die in anderen Teilen der Welt auch?
Es gibt viele Quartette aus anderen, meist europäischen Ländern, in Ungarn gab es schon vor der Maueröffnung welche, aber auch in Übersee, aus Argentinien zum Beispiel. Aus den USA gibt es so gut wie keine. Das technische Quartett ist aber eine deutsche Erfindung, 1952 ist das erste Autoquartett erschienen mit technischen Daten zum Vergleichen. Nahezu alle Quartette in Europa basieren aber auf deutschen Ausgaben, die wurden übersetzt.

Kamen die ersten Flugzeugquartette in derselben Zeit auf den Markt?
Das Erste, was ich habe, ist von 1958, aber das existierte unter anderem Titel auch schon 1955. Interessanterweise gab es auch in der Vorkriegszeit schon welche:

Bereits 1931 erschien ein „Luftschiff- und Flugzeugquartett" und 1938 kam „Mit der Deutschen Lufthansa in die Ferne" heraus in Frakturschrift. Technische Daten, die man miteinander hätte vergleichen können, gab es damals so noch nicht. Das gab es erst Anfang der sechziger Jahre.

Chris Reisse aus Hamburg ist Quartettsammler und betreibt online einen Quartettblog. (Spaeth)

Karte 1 A

Concorde: Meisterin aller Klassen

Noch 20 Jahre nach ihrem Aus setzt die Concorde als das schönste und schnellste Verkehrsflugzeug jemals Maßstäbe. Ich durfte achtmal mit Mach 2 fliegen.

Warum ich die Concorde ins Quartett aufnehme:

Die Concorde ist technologisch eine der größten Errungenschaften der Luftfahrtgeschichte und stellte einen Quantensprung dar. Was man schon daran sieht, dass Innovationen, die bei der Concorde Premiere hatten wie Fly-by-wire oder das Nutzen von Tanks zur Trimmung heute in fast allen modernen Verkehrsflugzeugen stecken. Und natürlich ist so ziemlich jeder, der jemals mit ihr fliegen durfte, restlos in die Concorde verliebt, so auch ich.

Mein erster Flug mit der Concorde:

Ziemlich genau vor 30 Jahren, am 27. Januar 1993, bekam ich als junger Luftfahrtjournalist von Air France eine unglaubliche Einladung – mit der Concorde von Paris nach New York zu fliegen. Ich war damals Student und musste eigentlich meine Diplomarbeit bald abgeben, aber hier mitzufliegen war ein Muss, ich tischte meinem Professor also irgendeine erfundene Ausrede auf und bekam etwas länger Zeit, puh... Also mit Mach 2 nach New York. Aber erst mal gab es Stress: Unsere Concorde hatte ein Hydraulikproblem, eine andere musste bereitgestellt werden, Vorführeffekt. Mit zwei Stunden Verspätung ging es endlich los. Flugkapitän François Rude sprach sogar etwas Deutsch, und es war großartig. Wie klein das Flugzeug war, vor allem die Mini-Fensterchen, dann diese unfassbare raketenartige Beschleunigung mit Nachbrennern beim Start. Auf Reiseflughöhe von bis zu 18.000 Metern der Blick von so weit oben auf die von hier ganz anders aussehenden Wolken, und wie wir über dem Ärmelkanal einen Jumbo unter uns einfach abhängten wie ein Ferrari einen Golf. Der Sportwagen-Vergleich passt übrigens – die Concorde war eng und von außen furchtbar laut, manchmal etwas ruppig, wenn die Nachbrenner einen durch die Schallmauer schoben oder leichte Turbulenzen spürbar wurden, dafür aber exklusiv, teuer und unvergleichlich schnell. Damals durfte ich Anflug und Landung vom Jump Seat aus im Cockpit miterleben, absolut unvergesslich,

← Air France-Concorde F-BTSD bei ihrer letzten Landung im Juni 2003 in Paris-Le Bourget. (Spaeth)

als plötzlich das Visier vor den Cockpitscheiben und die Flugzeugnase runter klappten und das Rauschen des Fahrtwindes richtig laut wurde. Nach drei Stunden und 27 Minuten landeten wir in JFK. Und das Vergnügen war noch nicht vorbei – damals inkludierte Air France noch den Hubschraubertransfer – es ging in acht Minuten vom Flughafen zum Heliport an der 34. Straße in Manhattan. Das waren Zeiten.

Besondere Flüge mit der Concorde:

Mit der Concorde war natürlich jeder Flug besonders, sowohl das Flugerlebnis wie auch die Menschen, die man dabei traf. Denn die Concorde war auch eine „Promi-Rakete", wie die Presse es gern nannte. Der bemerkenswerteste meiner Concorde-Flüge war daher jener von London nach New York am 12. November 2001, erst kurz nach der Wiederaufnahme der Flüge. Schon im Concorde Room, wie British Airways die spezielle Lounge nannte, hatte ich Schauspieler Hugh Grant und Ex-Beatle Sir Paul McCartney getroffen, mit beiden auch kurz gesprochen. Das war bei Concorde-Flügen beinahe normal, alle waren inkognito, es herrschte beinahe Club-Atmosphäre. Hugh Grant hatte mir sogar ein Autogramm gegeben (das war vor der Selfie-Zeit), was McCartney verweigerte. Als alle an Bord saßen, wurde noch die Herzogin von York, besser bekannt als Fergie, mit einer Limousine direkt vorgefahren und nahm ihren Sitz 1A ein, stets für Royals reserviert. Diese Hochkaräter allesamt so ein paar Sitzreihen weiter vorn zu sehen, war beeindruckend. Leider hatte das Ende des Fluges eine tragische Note: Als wir auf JFK anflogen, sahen wir über dem Stadtteil Queens eine große Rauchsäule. Nach unserer Landung wurde der Flughafen geschlossen. Wie wir erfuhren, war kurz zuvor eine A300 von American Airlines abgestürzt, nun war die Angst vor einem neuen Attentat so kurz nach 9/11 groß, gespenstisch. Sogar die Einreisekontrolle war kurzzeitig gesperrt, Paul McCartney verteilte Kaugummis an die anderen vorn in der Schlange. Es war ein Unfall, wie sich bald herausstellte an diesem tragischen Tag.

Der andere unvergessliche Flug war mein kürzester mit der Concorde: Am 24. Juni 2003 ging es mit der Fox Bravo der Air France von Paris auf ihren letzten Flug – nach einer Überschallschleife über der Biskaya zum Flughafen Karlsruhe/Baden, wo Tausende von Schaulustigen unsere Landung verfolgten. Das Flugzeug wurde bald zerlegt und steht seit 2004 zur Besichtigung gleich neben ihrer sowjetischen Konkurrentin Tu-144 auf dem Dach des Technikmuseums Sinsheim.

Was mir aufgefallen ist:

Die Concorde bot ihren Passagieren so besondere Sinneseindrücke wie kein anderes Flugzeug. Im Cockpit zum Beispiel roch es beim Start und unmittelbar nach dem Abheben immer nach verbranntem Teppich. „Das ist normal, wenn der Nachbrenner läuft", erklärte mir auf meine besorgte Nachfrage der British Airways-Concorde-Chefpilot Michael Bannister. Wie sehr der Überschalljet buch-

↑ Cockpit einer British Airways-Concorde im Flug nach New York. (Spaeth)

stäblich am Rande des technisch Machbaren flog, zeigte sich auf seiner Reiseflughöhe von meist um die 17.000 Meter, wesentlich höher als jedes andere Flugzeug: Je nach Wetterlage sah ich etwa auf einem Drittel meiner Flüge tatsächlich die Erdkrümmung, der Horizont war leicht gebogen. Das erblicken sonst nur Astronauten. Der Weltraum war bei Tageslicht immer zu sehen: Wenn man sich neben sein Minifenster auf den Kabinenboden kniete und direkt nach oben schaute, dort war es pechschwarz. Die endlosen Weiten des Alls scheinbar in greifbarer Nähe, surreal.

Was ich noch erzählen wollte:

Der 25. Juli 2000 war für mich ein einschneidender Tag. Natürlich war ich geschockt vom Absturz des Wundervogels in Paris, wobei tragischerweise alle 109 Insassen sowie vier Menschen am Boden starben. Gleichzeitig, wie es oft so ist, bedeutete dieses Weltereignis für mich als zuvor nur schreibendem Journalisten, dass ich plötzlich tagelang in Dutzenden von Fernseh- und Radiosendungen auftrat. Das öffentliche Interesse war gigantisch, ich quasi der einzige deutschsprachige „Experte" mit Concorde-Erfahrung. Das Verrückteste war, dass mir die Wochenzeitung DIE ZEIT drei Tage später für über 8000 Mark ein Concorde-Ticket nach New York kaufte, damit ich eine Reportage schreibe, wie sich das jetzt anfühlt, British Airways flog ja anfangs noch weiter. Bizarr.

Fun Fact:

Die Concorde war das einzige Passagierflugzeug, das auf jedem Flug länger wurde, bevor beim Landen alles wieder auf Normalmaß schrumpfte. Trotz der extrem kalten Höhenluft war die Reibungshitze bei Mach 2 so groß, dass die Nase nach zwei Stunden Überschallflug plus 127°C erreichte. Die entstandene Wärme führte dazu, dass sich der Rumpf um etwa 20 Zentimeter verlängerte auf jedem Flug, alle Kabel und Leitungen waren entsprechend flexibel konzipiert. Sichtbar war die Ausdehnung nur im Cockpit, zwischen Wand und Instrumentenpanel des Flugingenieurs klaffte ein Spalt so breit, dass die Crews gern aus Jux ihre Mützen hineinsteckten. Und meistens auch daran dachten, sie rechtzeitig vor Ankunft wieder zu entfernen, damit sie dort nicht wie in einem Schraubstock eingeklemmt wurden.

Karte 1 B

Boeing 747: Flugzeugikone mit Buckel

Die Königin der Lüfte ist das Maß aller Dinge in der Flugzeugwelt, seit sie 1970 Premiere feierte. Ich habe sie begleitet, seit ich sechs Jahre alt war.

Warum ich die Boeing 747 ins Quartett aufnehme:

Die Königin der Lüfte mit ihrem markanten Oberdeck-Buckel ist neben der Concorde vermutlich die größte Ikone unter den Verkehrsflugzeugen. Dass es dem „Vater der 747" Joe Sutter und seinem Team der „Incredibles" bei Boeing mit den vergleichsweise primitiven Mitteln der 1960er Jahre möglich war, ein Flugzeug dieser damals unfassbaren Größe in absoluter Rekordzeit zu verwirklichen, ist bis heute eine der größten Errungenschaften der zivilen Luftfahrt. Die Boeing 747 hat mit ihrem immensen Platzangebot die Luftfahrt demokratisiert. Bei so vielen Sitzen konnten die Ticketpreise sinken, Fliegen wurde erstmals für breite Schichten erschwinglich.

↑ VIP-Boeing 747-8 als türkisches Regierungsflugzeug beim Start in Hamburg. (Dirk Grothe)

Mein erster Flug mit der Boeing 747:

Die Boeing 747 war mein Traum, seitdem ich sechs war. Vermutlich 1972 habe ich sie zum ersten Mal selbst gesehen am Hamburger Flughafen. Damals flog Condor als erster Ferienflieger der Welt zwei 747, ihr gelbes Leitwerk war so hoch, dass es damals Teile des Flughafengebäudes überragte. Bis ich selbst erstmals in der 747 fliegen durfte, verging allerdings noch über ein Jahrzehnt. Ich war inzwischen 17 und durfte allein Verwandte in der Nähe von New York besuchen. Fliegen ab Deutschland zu den hohen IATA-Tarifen war so teuer damals, dass ich mit dem Zug über fünf Stunden von Hamburg nach Amsterdam fuhr, um von dort am 1. Oktober 1984 mit Alia Royal Jordanian Airlines in der Boeing 747-200 JY-AFB (gebaut 1977, verschrottet 2009) nach New York-JFK zu fliegen für einen Bruchteil des Preises. Der Flug dauerte acht Stunden und 17 Minuten, und ich habe es sogar geschafft, mich einmal ganz kurz unbemerkt von der Crew aus der Economy Class, wo ich selbstverständlich saß, die Wendeltreppe hochzuschleichen und einen Blick ins

↑ Boeing 747-100 der Pan Am in den achtziger Jahren in Frankfurt. (Dirk Grothe)

legendäre Oberdeck zu erhaschen, wo nach meiner Erinnerung nach eher unspektakuläre Business-Sitze standen.

Besondere Flüge mit der Boeing 747:

Ich glaube, mit keinem anderen Flugzeugtyp blicke ich auf so viele einzigartige Flüge zurück. So verdiente ich mir mit einem Studentenjob bei Lufthansa während des Münchner Flughafenumzugs 1992 ein Business-Class-Ticket mit dem Kranich von Frankfurt via Bangkok nach Sydney und zurück. Damals flog Lufthansa noch selbst nach Australien mit der neuen 747-400. Als Japan Airlines mit der 747-300 bald eine Route vom neuen Münchner Flughafen nonstop nach Tokio aufnahm, erhielt ich als junger Journalist im April 1993 die Einladung, in der First Class vorn in der Jumbo-Nase erstmals nach Japan zu fliegen, unvergessen. Im Januar 1994 durfte ich bei Qantas in der 747-200 im Cockpit auf dem Jumpseat den legendären Anflug auf den Flughafen Hongkong-Kai Tak erleben, atemberaubend wie der Jumbo da scheinbar die Wäsche von den Leinen auf den Balkonen der Wohnhäuser fegte, so nahe über die Dächer ging es in der dicht besiedelten Stadt. Im Juli 1994 saß ich in Johannesburg im Cockpit beim Startabbruch einer 747SP der SAA, auch eine besondere Erfahrung. Eine bleibende Erinnerung habe ich an einen extrem ungewöhnlichen Flug im November 1998, damals durfte ich in einer Qantas 747-400 an einem Rundflug von Sydney in die Antarktis und zurück teilnehmen. Vier Stunden davon ging es im Tiefflug über unwirklich schöne Eislandschaften, und immer wieder war ich im Cockpit. Spannend auch mein erster und einziger Flug im 747-200F Frachter von Lufthansa Cargo von Frankfurt nach Dakar und zurück kurz vor der Ausmusterung dieses Typs Ende 2004. Wir saßen auf alten First-Sesseln im Oberdeck, zum Cockpit gab es keine Wand und man konnte den Piloten zuschauen, genial. Im Juni 2012 schließlich war ich auf dem weltweit ersten Linienflug der Boeing 747-8I dabei, Lufthansa als Erstbetreiber flog damit die Premiere von Frankfurt nach Washington DC, die geniale neue Treppe ins Oberdeck mit Tageslicht von oben war mein größtes Highlight. Am 28. Oktober 2017 durfte ich den zweitletzten 747-Flug jemals bei United Airlines mitmachen, von Frankfurt nach San Francisco.

Das Auffälligste am Jumbo ist natürlich sein Oberdeck-Buckel. Im Laufe der Jahre habe ich hier oben die verschiedensten Kabinen gesehen, meistens befinden sich in der 747-400 und 747-8I dort Businessclass-Sitze.

Die am Fenster schätze ich deswegen sehr, weil man hier aufgrund des ovalen Rumpfquerschnitts noch einen tollen Staukasten unter dem Fenster extra bekommt. Der schluckt viel Krimskrams von Schuhen bis Zeitungen und ist als Ablage perfekt, manchmal auch für die Füße. Das größte Aha-Erlebnis im Oberdeck hatte ich erst kürzlich im Museum of Flight in Seattle. Dort steht der 747-Prototyp von 1969, das Oberdeck (im Gegensatz zum Hauptdeck nicht öffentlich zugänglich) ist original eingerichtet als Salon und mit bunten Stoffmustern der Zeit. Vor allem aber bekam ich hier endlich ein Gefühl dafür, wie es sich drinnen anfühlt, wenn wie in allen frühen 747 auf jeder Seite des Oberdecks nur je drei Fenster vorhanden sind. Das wurde ab 1972 in je zehn Fenster geändert. Auch spannend: Der Prototyp verfügt im Heck über eine Station für Luftbetankung, als Option für spätere militärische Variante

↑ Oberdeck der Boeing 747-100 als Ferienflieger bei Condor in den frühen Siebziger Jahren. (Archiv Spaeth/Condor)

← Autor Andreas Spaeth mit dem „Vater der Boeing 747" Joe Sutter (1921 – 2016) in Seattle. (Spaeth)

Was ich noch erzählen wollte:

Im Juli 1996 stürzte eine 747-100 von TWA nach dem Start vor New York in den Atlantik, alle 230 Menschen an Bord von Flug TWA800 starben. Ursache war die Explosion eines Treibstofftanks. Da es vielfältige Verschwörungstheorien gab, baute die US-Verkehrssicherheitsbehörde NTSB den vorderen Teil des Rumpfes aus den geborgenen Wrackteilen in einem Hangar in Long Island wieder auf. 1998 durfte ich diese Installation besuchen und konnte in der rekonstruierten Kabine herumlaufen, gespenstisch - in den Seifenspendern der Toiletten befand sich sogar noch Seife. Als sich die Tankexplosion als Ursache erhärtete, konnte ich kurz darauf bei Lufthansa Technik in Hamburg selbst in den leeren Haupttank einer 747 klettern, in der Flügelwurzel unter der Kabine. Hier sind die Tanks so hoch, dass ich drin stehen konnte, vermutlich so ziemlich der seltenste und intimste Einblick, den man ins Innenleben des Jumbos bekommen kann.

Fun Fact:

Es gibt viele Gelegenheiten, die 747 heute zu erleben, auch wenn man nicht damit fliegt. Großartig die aufgeständerte und entkernte 747-200 der Lufthansa im Technikmuseum Speyer, inklusive Tragflächenterrasse. Noch intensiver ließ sich die 747 bei einer Übernachtung im Jumbo Hostel am Stockholmer Flughafen Arlanda erleben – am beeindruckendsten natürlich die Suite im Cockpit, Zimmernummer 747 Leider ging die einzigartige Herberge kürzlich pleite.

Karte 1 C

Airbus A380: der Riese und seine Renaissance

Der Doppelstöcker aus Hamburg und Toulouse ist das aufregendste Flugzeugprojekt, das ich von Anfang an von Nahem verfolgen konnte.

Warum ich die A380 ins Quartett aufnehme:

Der Airbus A380 ist das unglaublichste Flugzeugprojekt (vielleicht mit Ausnahme der Concorde), das Europäer je gestemmt haben. Die Idee, Boeing und ihrem Bestseller, dem 747-Jumbo etwas entgegenzusetzen, war kühn, kam allerdings leider zu spät und zum ungünstigen Zeitpunkt der Welt-Finanzkrise 2008. Aber die A380 ist nicht nur das größte je gebaute Verkehrsflugzeug, sondern trotz ihres behäbigen Aussehens einer der beliebtesten Typen überhaupt, der noch heute Passagiere dazu bringt, Umwege in Kauf zu nehmen, nur um damit fliegen zu können. Größe hat die Menschen immer fasziniert, und damit punktet die A380 mit ihren beiden Passagierdecks. Trotz ihres kommerziellen Misserfolgs ist dieser Gigant ein Meilenstein der Luftfahrtentwicklung. Die unglaubliche Renaissance nach der Corona-Pandemie hat dem Mythos A380 weiter Auftrieb verliehen. Genauso wie all die legendären Duschen, Bar-Lounges und Suiten mit Butlerservice, die es an Bord gab oder noch gibt.

↑ Erste A380 für British Airways beim Start in Paris-Le Bourget. (Spaeth)

Mein erster Flug mit der A380:

Die Produktion der A380 hat sich durch vielfältige Probleme der Airbus-Partner um Jahre verzögert, so fand mein allererster Flug damit erst am 8. Februar 2007 statt, acht Monate vor der Einführung von regulären Passagierflügen. Es war der erste Flug überhaupt in der A380 mit externen Gästen, ein Vorführflug von und nach Toulouse im Vorserienflugzeug mit der Baunummer 007, die später an Emirates geliefert wurde. Diese Maschine hatte in der Testphase als einzige schon eine vollständige Passagierkabine mit 519 Sitzen in drei Klassen. Schon beim Start sind wir sehr beeindruckt – wie unglaublich leise die A380 beim Abheben innen ist und wie gutmütig selbst bei schwierigem Wetter. Heftige Seiten- und Scherwinde einer Schlechtwetterfront erfassen den Riesen gleich, als er in der Luft ist, doch der schüttelt sich nur ein wenig, die Flügelspitzen pendeln kurz nach oben und unten, dann ist der Flug wieder ruhig. „In einer kleinen A320 hätte das sehr gewackelt", erklärt Testpilot Wolfgang Absmeier. Wir Probepassagiere sind ziemlich euphorisch, als wir nach zwei Stunden und einer Minute wieder landen – ob wegen des reichlich fließenden Champagners oder des Flugzeugs selbst wegen, bleibt offen.

Besondere Flüge mit der A380:

Einer der denkwürdigsten war die Weltpremiere der A380 im Liniendienst am 25. Oktober 2007. Singapore Airlines (SIA) machte vor den Augen der Weltpresse mit der 9V-SKA den Erstflug von Singapur nach Sydney in sieben Stunden, sechs Minuten. Aus aller Welt waren Passagiere eigens angereist, ein Tech-Unternehmer hatte für 100.380 US-Dollar für einen guten Zweck zwei First-Class-Suiten für sich und einen Freund ersteigert. Da ich ja in Hamburg quasi an der Quelle sitze, durfte ich etliche Auslieferungsflüge mitmachen und brachte von Finkenwerder die ersten A380 für Emirates, Lufthansa, Air France und Qatar Airways zu ihren neuen Heimatflughäfen. Dazu die erste für British Airways ab Toulouse, das waren immer große Ereignisse. Beeindruckend war die letzte Linienflugpremiere einer A380, die erst am 24. Mai 2019 bei All Nippon Airways (ANA) stattfand. In der „Flying Honu" genannten Schildkrötenbemalung in Blau ging es mit der ersten japanischen A380 von Tokio-Narita in nur sechs Stunden und 45 Minuten nach Honolulu auf Hawaii, die Japaner waren völlig aus dem Häuschen und kauften für viel Geld kuschlige A380-Plüschschildkröten als Souvenirs.

Was mir aufgefallen ist:

Die A380 hat einen viel glamouröseren Ruf als ihr tatsächlicher Komfort an Bord rechtfertigen würde, der für die meisten Passagiere aus Zehnerreihen in Economy Class besteht. Airbus hatte Erwartungen von Luxus an Bord geschürt, die kaum ein Airline-Betreiber erfüllt hat. Aber es gibt bemerkens-

↓ Lufthansa-A380 nach dem Start in Los Angeles.
(Sebastian Thoma)

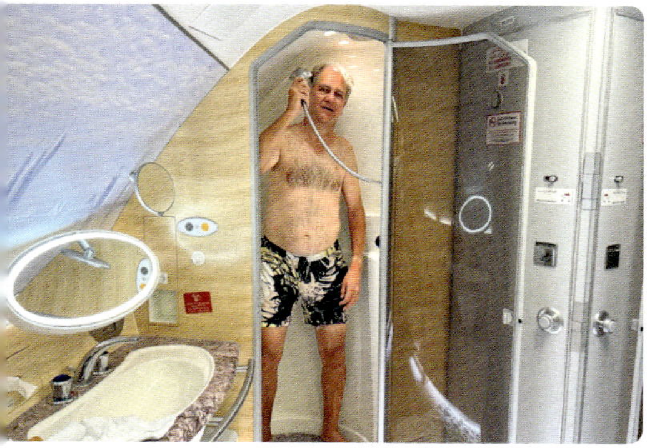

↑ Autor Andreas Spaeth duscht im Flug an Bord einer Emirates A380. (Spaeth)

werte Ausnahmen: Die sogenannte Onboard Lounge bei Emirates im Heck des Oberdecks ist die wichtigste, ein oft feuchtfröhliches Wohlfühl-Refugium für Premium-Passagiere und natürlich die zwei Duschen für First-Kunden in den Emirates-A380. Auch Etihad hat eine tolle Bar-Lounge in der Mitte des Oberdecks und eine faszinierende „Zweizimmerwohnung" vorn im Oberdeck, genannt „The Residence". Darin können zwei Passagiere gemeinsam in ultimativem Komfort reisen, es gibt ein „Wohnzimmer", ein Bad sowie ein Schlafzimmer mit echtem Doppelbett samt Steppdecken. Der Preis dafür grenzte anfangs an Beträge, für die man auch Privatjets mieten kann. Nach dem Neustart der A380 hat Etihad die Butler abgeschafft und die Tarife gesenkt. Auch die Hotelzimmer-ähnlichen SIA-First-Suiten beeindrucken mit separatem Sessel und festem Bett. Viel mehr an A380-spezifischem Luxus allerdings gibt es bei anderen Betreibern sonst nicht.

Was ich noch erzählen wollte

Eines der größten Nadelöhre bei der Zulassung der A380 war die Evakuierung aus dem Oberdeck. Hier liegen die Türen acht Meter über dem Boden, das sieht verdammt hoch aus, wenn man oben an der offenen Tür steht. Das weiß ich tatsächlich aus eigener Erfahrung, weil ich als einer der wenigen Externen im Emirates-Trainingscenter in Dubai aus einer A380-Kabinenattrappe die Oberdeck-Rutsche mehrfach benutzen durfte. Die Rutschen sind so konstruiert, dass man bewusst nicht sieht, wie hoch oben der Ausstieg ist. Und sie sind ziemlich steil und lang, sodass der Hosenboden ordentlich warm wird auf der mit bremsender Oberfläche ausgestatteten Rutsche. Trotzdem war es ein großer Spaß, das selbst zu probieren, ohne Ernstfall.

Fun Fact:

Die Duschen in der A380 haben mich immer fasziniert. Emirates-Chef Sir Tim Clark als größter Kunde war die treibende Kraft dahinter, er musste Airbus beweisen, dass das machbar ist an Bord, der Hersteller hatte sich zunächst geweigert. Und ich, Andreas Spaeth, halte einen nutzlosen Rekord in der Luftfahrtgeschichte, den niemand braucht, aber trotzdem: Ich war der erste Mensch, der in einem kommerziellen Passagierflugzeug im Fluge jemals geduscht hat, yay! Nur in VIP-Flugzeugen gab es Duschen schon früher. Am 29. Juli 2008 erhielt Emirates ihre allererste A380 A6-EDA aus Finkenwerder ausgeliefert (sie ist heute bereits zerlegt und teilweise zu Kofferanhängern verarbeitet worden, ich besitze zwei…). Nie zuvor hatte man im Fluge die Duschen getestet, nur am Boden. In Absprache mit den Granden von Emirates und in Begleitung eines NDR-Fernsehteams (und mit einer Badehose bekleidet…) begab ich mich also ins „Shower Spa" und ließ Wasser und Kameras laufen. Eine surreale Erfahrung, als es irgendwo in 38.000 Fuß über dem Iran eine leichte Turbulenz gab und ich triefend in der Dusche stand. Erst 2022 habe ich die Szene während eines erneuten Filmdrehs wiederholt und diesmal den Song „I believe I can fly" zum Besten gegeben, *Singing in the Shower*. Ist heute noch im Netz.

Karte 1 D

Boeing 777: Der weltgrößte Zweistrahler

Die Triple Seven war ein großer Wurf und bleibt das nach 30 Jahren auch für die Zukunft als größter Jet auf dem Markt. Ich war bei vielen Meilensteinen dabei.

Warum ich die Boeing 777 ins Quartett aufnehme:

Als die Boeing 777 Mitte der neunziger Jahre auf den Markt kam, verhieß sie die Zukunft: Ein so großes, effizientes Flugzeug mit nur zwei Triebwerken, das war damals etwas völlig Neues. Genauso revolutionär wie die Tatsache, dass die 777 erstmals komplett digital am Computer entworfen und konstruiert worden war. Keine hölzernen Mock-ups mehr lange vor Produktionsstart und auch keine am Zeichenbrett stehenden Ingenieure. „Der Airliner fürs 21. Jahrhundert" wurde die 777 damals nicht zu Unrecht genannt. Airline-Chefs höre ich oft über die Wirtschaftlichkeit ihrer 777-Flotte schwärmen. Lufthansa-Chefs gehörten bisher nicht dazu, ab nunmehr vermutlich 2026 hofft die Kranich-Linie nun erstmals, mit der 777-9 deren Vorzüge auch zu nutzen. Die Boeing 777 ist nach Ende der Produktion von A380 und Boeing 747 das größte derzeit verfügbare Verkehrsflugzeug und der weltgrößte Zweistrahler, und wie es aussieht, könnte das noch länger so bleiben. Immer ein Pluspunkt: Die 777 hat eine hervorragende Sicherheitsbilanz. Nachteil: Die Airlines verdichten die Economy Class immer mehr, die früher üblichen Neunerreihen sind jetzt häufig noch engeren Zehnerreihen gewichen.

Mein erster Flug mit der Boeing 777:

Mein Erstflug in der 777 war besonders, aber nicht sehr spektakulär: Am 3. Juli 1997 durfte ich meine Triple-Seven-Premiere exklusiv im sehr kleinen Kreis begehen. Ich und ein anderer Medienkollege waren von British Airways eingeladen, im Werk Everett bei Seattle die 777-200ER mit dem Kennzeichen G-VIIA abzuholen. An Bord waren nur wir beide als einzige externe Passagiere plus eine Handvoll Mitarbeiter, weniger als zehn Leute. Wir machten es uns selbstverständlich in der First Class bequem, in der Galley war ein

↑ Eine Boeing 777-300ER als indonesisches Regierungsflugzeug landet in Hamburg. (Dirk Grothe)

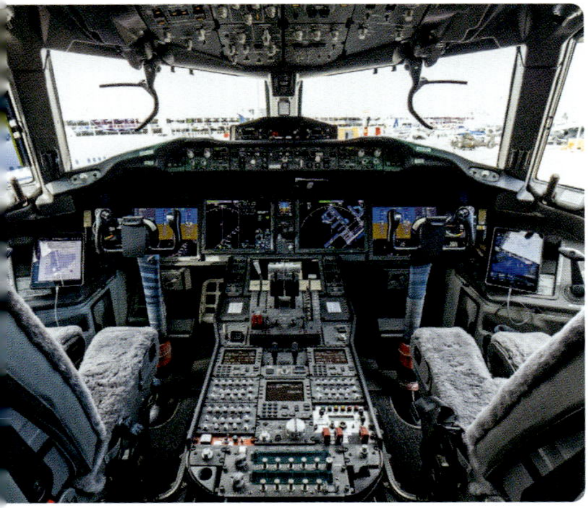

← Cockpit in der Boeing 777-9. (Dirk Grothe)

kleines, von Boeing spendiertes kaltes Buffet aufgebaut, das hatte was. In 8:41 Stunden flogen wir vom Paine Field nach Heathrow. Das Flugzeug ist immer noch im Einsatz, nach bald fast drei Jahrzehnten.

Besondere Flüge mit der Boeing 777:

Einer ragt heraus, die Auslieferung der ersten 777 nach Österreich, und zwar an Lauda Air in Anwesenheit der Wiener Medien-Schickeria, in trauter Einigkeit mit ihrem Nationalhelden, dem 2019 verstorbenen Formel-1-Rennfahrer und Luftfahrtunternehmer Niki Lauda. Am 25. September 1997 übernahm Lauda seine erste 777-200ER auf dem Boeing Field in Seattle, abends gab es im Hangar eine große Zeremonie mit Lasershow am neuen Flugzeug, die damals verschenkten Kristallgläser mit Prägung habe ich heute noch. Und mit Beginn der Ablieferung begann die Party erst richtig: Wir flogen nicht direkt nach Wien, sondern erstmal stilecht nach Las Vegas in knapp zwei Stunden. Hier stieg dann abends die richtige Sause am Strip, Niki mittendrin. Der Chef flog am Folgetag selbst, während alle anderen etwas müde in den Seilen hingen, als die OE-LPA (heute weiter bei AUA im Dienst) in elf Stunden und fünf Minuten nach Wien überführt wurde. Wir saßen in der feinen Amadeus Class mit tadellosem Do & Co-Catering, von Firmenchef und Niki-Spezi Attila Dogudan persönlich kreiert, doch die Ankunft in Schwechat toppte alles: Wir flogen eine Ehren-Platzrunde und sahen unten ein Volksfest mit 10.000 Menschen, die aus

↓ Die erste Serienmaschine der Boeing 777-200 vor der Ablieferung 1995 an United Airlines. (Spaeth)

Anlass der ersten 777-Ankunft, also unserer Landung, gekommen waren. Ich war allerdings froh, dass ich am Boden schleunigst auf meinen Weiterflug umsteigen musste, es reichte langsam mit der Feierei.

Was mir aufgefallen ist:

Die Boeing 777 ist unglaublich vielseitig, und die 1998 eingeführte gestreckte 777-300ER (letzte Auslieferung Dezember 2024) gilt bis heute im Langstreckenverkehr als das Maß aller Dinge in Sachen Effizienz. Und gerade diese Version erfüllt eine extreme Bandbreite an Missionen, wie ich selbst erlebt habe, und zwar auf meinem kürzesten und meinem längsten 777-Linienflug: Am 31. Mai 2005 bin ich mit All Nippon Airlines (ANA) damit in 43 Minuten zwischen den Stadtflughäfen von Tokio (Haneda) und Osaka (Itami) auf der viertwichtigsten japanischen Inlandsroute geflogen. Mit 514 Passagieren war die Maschine voll besetzt, die Effizienz beim Ein- aus Aussteigen durch die disziplinierten Japaner sucht auf der Welt ihresgleichen. Nur 358 Menschen in drei Klassen kann dagegen die A7-BAJ von Qatar Airways befördern, die mich am 20. September 2014 auf der Ultra-Langstrecke in 14 Stunden und neun Minuten von Doha nach Chicago brachte.

Was ich noch erzählen wollte

Was mich an der neuen 777-9 am meisten fasziniert, sind ihre hochzuklappenden Flügelspitzen. Das Konzept gab es schon auf Flugzeugträgern im Zweiten Weltkrieg, um kostbaren Platz auf oder unter Deck zu sparen, klappte man einfach die Tragflächen hoch. Die 777-9 weist eine Spannweite von 71,80 Meter auf und bräuchte damit so viel Abstellplatz auf Flughäfen wie eine Boeing 747 oder eine A380. So große Parkpositionen gibt es nicht viele, daher werden an beiden Flügeln die äußersten 3,50 Meter samt Flügelspitzen nach der Landung in 20 Sekunden hydraulisch hochgeklappt und vor dem

↑ Die Boeing 777-9 verfügt über hochklappbare Flügelspitzen. (Dirk Grothe)

Start automatisch wieder runter. Um zu verhindern, dass sie ungewollt in der Luft hochklappen, unterbimdet das physisch ein Befestigungsbolzen und zusätzlich wird die Elektrik in diesem Bereich absichtlich unterbrochen. So simpel wie praktisch.

Fun Fact:

Die Triple Seven als Riesenflugzeug hat nur zwei Triebwerke, aber was für welche! Ich kann es bis heute kaum glauben, was mir Boeing schon in den Neunzigern erzählte, um das zu verdeutlichen: Ein 777-Triebwerk ist im Durchmesser größer, als der Rumpf einer Boeing 737 breit ist. Mit anderen Worten: Von den Abmessungen her hängen quasi zwei 737-Rumpfabschnitte an den Flügeln einer 777. Die genauen Maße belegen das: Die komplette Triebwerksgondel eines GE9x-Triebwerks der 777 misst 4,40 Meter. Der Rumpf einer 737 dagegen weist gerade einen Durchmesser von 3,76 Meter auf.

Karte 2 A

Airbus A319: Klein, aber oho

Der kleine Bruder der A320 ist erstaunlich leistungsfähig. Davon konnte ich mich schon vor der Zulassung bei Höhentests in Bolivien überzeugen.

Warum ich die A319 ins Quartett aufnehme:

Als Hamburger bin ich natürlich ein wenig voreingenommen, bei allem was aus Finkenwerder kommt. Eine abgerundete Flugzeugfamilie ist entscheidend für den Erfolg eines Modells, und die A319 war das wichtige Modell für das untere Ende des Marktes. Bis 2001 die A318 kam, war die A319 der kleinste Airbus-Typ, besonders beliebt bei großen US-Airlines und in Europa vor allem beim Billigflieger easyJet lange ein Rückgrat der Flotte mit insgesamt 172. Auch Germanwings, heute Eurowings, fliegt/flog 52 Exemplare, die Lufthansa hat/hatte insgesamt 41 A319.

Mein erster Flug mit der A319:

Am 14. März 1996 bestieg ich zum ersten Mal eine A319, noch bevor sie in den Liniendienst ging, es war eine Vorserienmaschine im Flugtestprogramm vor der Zulassung. Der Flug hat sich in meine Erinnerung gebrannt. Es ging los vom damaligen Stadtflughafen in Santiago de Chile, wo gerade eine Luftfahrtmesse stattfand. Testpilot Chris Krahe wollte den Messebesuchern in Erinnerung bleiben, mir und einer Handvoll anderer Mitreisender wurde an Bord sehr mulmig: Direkt nach dem Abheben stellte Krahe seine A319 fast senkrecht auf die linke Tragfläche, wir waren nicht hoch, die Slums von Santiago kamen immer näher. Ein Stunt, sowas machten alte Piloten-Haudegen damals. Entschädigt wurden wir mit einer spektakulären Andenüberquerung inklusive Schleife dicht um den Gipfel des höchsten Bergs Aconcagua, knapp 7000 Meter hoch, buchstäblich atemberaubend. Es ging nach La Paz in Bolivien, mit 4061 Meter über Meereshöhe einer der höchstgelegenen Flughäfen der Welt. Hier fanden Flugtests in dünner Höhenluft statt, die wir Begleiter vom Flughafen aus beobachteten. Zwei Tage später stellten wir auf dem Rückweg einen Rekord für die A319 auf, der sehr lange hielt, vielleicht gilt er noch immer: Von La Paz zunächst nach Guadeloupe in der Karibik in fünf Stunden zum Tanken, danach dann nonstop in sieben Stunden ins heimische Toulouse. Es

↑ A319-Prototyp bei „Hot and High"-Tests in La Paz, Bolivien 1996. (Spaeth)

waren maximal zehn Leute an Bord, ich rollte meinen Schlafsack in der weitgehend unbestuhlten Kabine aus, großartig.

Besondere Flüge mit der A319:

Anfang 2009 konnte ich die A319 auf einer ganz besonderen Mission erleben – im Einsatz bei Druk Air aus Bhutan. Das kleine Land im Himalaja liegt eingezwängt zwischen Indien und Tibet bzw. China, der einzige größere Flughafen in Paro ist umringt von 4000 bis 6000 Meter hohen Gipfeln einer der am schwersten anzufliegenden der Welt, der wegen tückischer Winde täglich ab 12 Uhr schließen ist. Die nationale Airline hat spezielle A319 mit höherer Triebwerksschubleistung, die jener der viel größeren A321 entsprechen, um beim Start von Paro nach einem Triebwerksausfall notfalls im engen Tal umzudrehen und wieder zu landen zu können oder im Normalfall sicher über den Kamm aus Sechstausendern in der Nähe zu kommen. Der Hinflug von Delhi über Kathmandu nach Paro führt am Panorama der höchsten Berge der Welt vorbei, nicht nur der Achttausender Mount Everest ragt heraus, er ist Teil einer ganzen Kette von fast gleich hohen Gipfeln. Für solche Missionen ist die A319 mit ihrer kompakten Größe bei reichlich Schub gut geeignet.

Am 17. Dezember 2023 erlebte ich einen der ungewöhnlichsten Flüge meiner Karriere: Ich war ab München unterwegs, um den neuen Edel-Ferienflieger Beond zu testen, der mit seiner A319 8Q-FBA als damals einzigem Flugzeug die Malediven anfliegt. Und das nur mit 44 Bettsitzen in der gesamten Kabine. Ich kam aus dem Staunen nicht heraus, nicht so sehr wegen des Flugzeugs selbst, das ich zuvor schon angeschaut hatte, sondern weil ich zum ersten Mal in meinem Leben auf einem Linienflug der einzige gebuchte Passagier war! Das ganze Flugzeug samt Besatzung flog nur für mich, das konnte ich kaum fassen. Zunächst ging es in 6:28 Stunden in einer kurzen Nacht nach Dubai World Central, beim tollen Anflug zum Tankstopp über die Sanddünen der Wüste saß ich verschlafen im Cockpit. Anschließend waren es noch 4:23 Stunden bis auf die Malediven. Unvergesslich.

Was mir aufgefallen ist:

Finkenwerder wie auch Deutschland insgesamt waren vor den neunziger Jahren nie Endmontage-Standort für einen Passagierjet. Das änderte sich erst, als Airbus ihre A320-Familie erweiterte. Die A319 war seit Produktionsbeginn 1994 genau wie auch zuvor schon die A321 lange Zeit ausschließlich ein Flugzeugtyp „Made in Hamburg".

Was ich noch erzählen wollte:

Die A319 bietet sich wegen ihrer Kabinengröße für besondere Missionen an. So betrieb die schweizerische PrivatAir (Pleite 2018) etwa zeitweise den Airbus-Werksverkehr zwischen Hamburg-Finkenwerder und Toulouse mit einer Einklassen-A319. Gleichzeitig offerierte sie ihre Dienste aber auch für reine Business-Class-Dienste auf Langstrecken großer Airlines, die bei wenig Aufkommen hohe Erträge versprachen.

Fun Fact

Die A319 ist ein beliebter Business Jet, sowohl in der ab Werk angebotenen Variante A319 ACJ (Airbus Corporate Jet) als auch mit umgerüsteten ehemals kommerziellen Jets. Die ACJ bietet dabei üblicherweise 19 bis 50 Passagieren Platz, durch Zusatztanks kann die Reichweite von rund 7000 auf bis zu 12.500 Kilometer gesteigert werden. Emirates betreibt eine solche A319 ACJ als kleinstes Flugzeug im Executive Charter, die hintere Hälfte der Kabine wird dabei von zehn First-Class-Suiten eingenommen, wie sie die Gesellschaft sonst in ihren Großraumjets bietet. Auch Qatar Executive nutzt eine A319 ACJ für 19 Passagiere.

Karte 2 B

Sud Aviation Caravelle: Schöne Pionierin aus Frankreich

Einer der ersten Jetliner verbreitete klassische Eleganz mit Triebwerken am Heck. Ich machte 1975 einen meiner ersten Flüge in der Caravelle.

Warum ich die Caravelle ins Quartett aufnehme:

Auch wenn die Boeing 707, die DC-8 und vor allem die de Havilland Comet als vorrangige Pioniere des Jetzeitalters genannt werden, verdient die Caravelle ebenfalls größte Aufmerksamkeit und hohen Respekt. Sie war der erste in Serie produzierte Passagierjet vom europäischen Kontinent, und sie war der erste Jet überhaupt mit zwei Hecktriebwerken. Daher verfügte sie über einen sogenannten „sauberen Flügel", der weder aerodynamisch noch ästhetisch durch herabhängende Motoren gestört wurde wie bei allen anderen frühen Düsenflugzeugen. Und bei alldem ist die Caravelle bis heute eines der vom Design her elegantesten Verkehrsflugzeuge aller Zeiten: Ihre schlanken, abgerundeten, ineinanderfließenden Formen machen sie zu einem Augenschmaus. Kurioserweise profitierte sie von einem anderen Pionier: Die Caravelle übernahm weitgehend Flugzeugnase und Cockpit von der britischen Comet, die früher entwickelt worden war.

↑ LTU-Caravelle 1973 im Anflug auf Hamburg.
(Ralf Kokoschka)

Mein erster Flug mit der Caravelle:

Im März 1975 durfte ich zu meinem neunten Geburtstag meine zweite Flugreise antreten mit meiner Familie, wieder ging es ins andalusische Málaga nach Südspanien, wie schon 1973 auf meinem persönlichen Erstflug mit der BAC 1-11. Erneut starteten wir ab Düsseldorf nach langer Autofahrt aus Hamburg, diesmal mit LTU. Auf Flug LT132 kam die Caravelle 10R zum Einsatz, und ich durfte das erste Mal ins Cockpit eines Verkehrsflugzeugs und war begeistert von der Aussicht und den vielen Knöpfen und Schaltern. LTU gab Kindern damals ein kleines rotes Logbuch, in dem die Flüge eingetragen wurden und der Kapitän unterschrieb. Das war für mich als Neunjähriger sehr aufregend und begeisternd.

Ich glaube, es war diese zweite Flugreise und damit die Caravelle, die mich endgültig und mein Leben lang für die Luftfahrt begeisterte. Natürlich habe ich die Sicherheitskarte und die damals üblichen Flugzeugpostkarten von diesem Flug bis heute in meiner Sammlung.

Besondere Flüge mit der Caravelle:

Caravelles hatten ein langes Leben, so robust waren diese Flugzeuge. So gingen etliche Caravelles der LTU später zur neu gegründeten Konkurrenz Special Air Transport (SAT) über. Dort änderte man zunächst nur die drei Buchstaben des Vorbesitzers in jene des neuen Betreibers. Später erfand dann SAT ein neues auffälliges grün-gelbes Livery und lackierte die Caravelles entsprechend. Danach gingen sie in die Flotte der Germania über, wie die Airline dann bis zu ihrer Pleite 2019 hieß. Genau diese Flugzeuge flogen ein Jahrzehnt nach meinem ersten Caravelle-Flug immer noch. Ich staunte nicht schlecht, als ich 1988 von der türkischen Hauptstadt Ankara nach Nordzypern flog, mit der damaligen Istanbul Airlines – und das in einer alten LTU/SAT/Germania-Caravelle. Sie war schlicht unverwüstlich.

Was mir aufgefallen ist:

Es wäre eine gute Frage für ein Avgeek-Quiz: Welches Merkmal hat die Caravelle als einziges Verkehrsflugzeug der Welt? Vielleicht fällt einem das erst auf, wenn man selbst einsteig – aber es sind ihre dreieckigen Kabinenfenster! Sie waren ein derartig ikonisches Markenzeichen, dass Air France als Erstbetreiberin in den 1960er-Jahren ein Werbeposter herausbrachte, auf dem nur der Umriss eines einzigen dreieckigen Caravelle-Fensters abgebildet war. Der Grund für diese ungewöhnliche Form war übrigens kein struktureller, wie manche vermuten, sondern der Passagierkomfort. Viele Fluggäste fanden durch die damals üblichen großen rechteckigen Fenster die Sonneneinstrahlung am Himmel zu stark, eine dreieckige Form sollte den Lichteinfall begrenzen und gleichzeitig das Herausschauen einfach machen.

Was ich noch erzählen wollte:

Meine Familie ist jeglicher Verbindung zur Luftfahrt unverdächtig, ganz anders als in den meisten Fällen, wo enge Verwandte einen Bezug zur Fliegerei haben, bevor die Kinder sich auch dafür begeistern. Und trotzdem gibt es einen einzigen erstaunlichen Berührungspunkt, von dem ich allerdings erst viel später erfuhr. Als Student hatte mein Vater in seiner Heimatstadt Hannover Anfang der 1960er-Jahre in den Semesterferien einen Job am Flughafen. Heute undenkbar bestand der darin, für Swissair die Beladung ihrer Flugzeuge zu berechnen. Gerade zur Hannover Messe schickten die Eidgenossen damals ihre neuen Caravelles nach Niedersachsen, mein Vater kalkulierte die Gewichtsverteilung. Einmal bekam er den Schock seines Lebens: Ihm fiel hinterher ein Rechenfehler auf, aber die Caravelle war schon gestartet! Glücklicherweise kam sie heil nach Zürich, ob jemand vorher den Fehler korrigieren konnte, weiß ich nicht.

Fun Fact:

Fast jeder Flugzeugfan fängt irgendwann an, Flugzeuge zu fotografieren. Ob als Gelegenheitsknipser oder als akribischer Spotter, der tagelang neben Pisten oder auf Terrassen ausharrt, um seine Beute zu erlegen. Zehn Jahre nach meinem ersten Flug fing auch ich damit an, 1983 als siebzehnjähriger Schüler, dafür hatte ich mir für meine Spiegelreflexkamera extra ein billiges 100-300 Millimeter-Zoomobjektiv gekauft. Das war zwar lichtschwach, doch die Brennweite fand ich enorm, und sie brachte mir die Jets nahe. Auf dem Hamburger Flughafen, meinem Heimatairport, war damals selten viel los, aber an einem grauen Frühlingstag legte ich erstmals mein Zoom von der Aussichtsterrasse aus an – und fotografierte eine grün-gelbe SAT-Caravelle als mein erstes Spotterfoto!

Karte 2 C

DC-9/MD-80/717: Der wandlungsfähige Zweistrahler

Die DC-9 als Klassiker der frühen Jet-Ära, fast so oft neu erfunden wie ihr Konkurrent Boeing 737, wurde erst zur MD-80, dann zur Boeing 717. Ich kannte alle drei genau.

Warum ich die DC-9/MD-80/ Boeing 717 ins Quartett aufnehme:

Die DC-9 verdient besondere Aufmerksamkeit, denn sie war 1965 das allererste Flugzeug der heute allgegenwärtigen *Narrowbodies*, also Jets mit schmalem Rumpf und einem Mittelgang. Damals beherrschten Düsenflugzeuge nur die Klasse der Vierstrahler, dort waren die Boeing 707 und die Douglas DC-8 tonangebend. Erst nach deren Etablierung setzte sich die Erkenntnis durch, dass künftig auch kleinere Düsenflugzeuge benötigt würden. In der DC-9 wurde der Grundstein gelegt für ein sehr wandlungsfähiges, adaptierbares Verkehrsflugzeug, das am Ende in unterschiedlichen Versionen und von verschiedenen Herstellern 41 Jahre lang gebaut wurde. Das markante T-Leitwerk, die beiden Triebwerke am Heck, zwischen denen sich eine ausfahrbare Einstiegstreppe befand, sowie die klassische Reihe aus fünf Sitzen, zwei links und drei rechts, wurde dabei stets beibehalten. Der Entwurf der DC-9 ist ein Klassiker der modernen Passagierluftfahrt, sie war jahrzehntelang neben Boeings 737 eine Art Volkswagen der Lüfte.

↑ MD-83 der ersten German Wings im März 1989 in Hamburg. (Michael Penner)

Mein erster Flug mit der DC-9/MD-80/Boeing 717:

Von den fünf Varianten der DC-9, von der stummelartigen DC-9-10 bis zur erwachseneren DC-9-50 wurde die DC-9-30 die populärste Version. Am weitesten verbreitet war die mittlere DC-9-30, sehr viele flogen in den USA. In genau einer solchen hatte ich im jugendlichen Alter von 17 Jahren am 13. Oktober 1984 meinen Erstflug mit diesem Muster, als ich in der DC-9-31 mit dem Kennzeichen N943J der US Airways in 48 Minuten und 40 Sekunden von Newark bei New York nach Pittsburgh flog. Ich war damals allein auf meiner ersten USA-Reise unterwegs von Verwandten im Upstate New York zu Freunden meines Vaters in Louisiana. So folgte der ersten die zweite DC-9-Erfahrung auf dem Fuße mit dem direkten Weiterflug in einer anderen DC-9-31, die mich in einer Stunde und 55 Minuten nach New Orleans brachte. Der inzwischen zu McDonnell Douglas fusionierte Hersteller in Long Beach, Kalifornien, den ich später mal besuchte, hatte unterdessen eine stark modernisierte Variante als MD-80 auf den Markt gebracht, von der es am Ende auch fünf Versionen gab. Am 17. März 1989 flog ich erstmals mit einer davon weniger exotisch auf den damals neuen innerdeutschen Linienflügen des Ferienfliegers Aero Lloyd. Die MD-83 D-ALLD brachte mich abends in 48 Minuten und 36 Sekunden von Frankfurt nach München, wo ich damals begonnen hatte, zu studieren. Ende der Neunziger übernahmen dann die jetzt mit McDonnell Douglas fusionierten Boeing-Werke das Erfolgsmuster und starteten es als Boeing 717 wiederum als Neuauflage.

Zum ersten Mal geflogen mit der inzwischen Boeing 717 genannten letzten Version bin ich auf der Pariser Luftfahrtschau am 14. Juni 1999, der 50-minütige Demonstrationsflug war eher unspektakulär. Seltsamerweise aber dauerte es bis zum 8. November 2004, ehe ich erstmals einen 717-Linienflug erlebte, er war nicht von langer Dauer, das Ambiente dafür umso spektakulärer: In der 717 mit dem Kennzeichen N478HA von Hawaiian Airlines machte ich in 27 Minuten und 23 Sekunden einen Inselhüpfer von Honolulu nach Kona auf Hawaii. Der Sound der voluminösen BR700-Mantelstromtriebwerke von BMW-Rolls-Royce aus dem Werk Dahlewitz bei Berlin war jetzt hörbar anders, ein höheres, kraftvolles Summen.

Besondere Flüge mit der DC-9/MD-80:

Ich habe viele Flüge mit dem hecklastigen Zweistrahler gemacht, aber einer war wider Willen so besonders, dass ich darüber damals einen eigenen Artikel verfasst habe. Der ist in der Süddeutschen Zeitung erschienen, fast ein Jahrzehnt vor dem Internet-Zeitalter. Titel: „Nach London in 12 Stunden: Winter-Odyssee in England." Das traf es ziemlich gut. Am 8. Februar 1991 wollte ich mit der MD-87 D-ALLJ von Aero Lloyd von München, meinem Studienort, nach London-Gatwick fliegen, um einen Freund zu besuchen. Der Start morgens war pünktlich, doch dann begann eine Odyssee, die mich erst mit zwölfeinhalb Stunden Verspätung nach Gatwick bringen sollte. Grund war das Winterwetter in England. Nicht mal besonders heftig, aber auf der Insel bricht bekanntlich gern schon mit hauchdünner Puderzucker-Schneedecke

↓ DC-9-32 des deutschen Ferienfliegers Atlantis 1970. (Archiv Spaeth)

→ „Ballett“ von vier MD-80 auf dem Weg zum Gate bei American Airlines in Dallas/Fort Worth 2014.
(Spaeth)

Chaos aus. Ich mache es kurz: Gatwicks einzige Piste war wegen Schnee und Glätte gesperrt, anderthalb Stunden kreisten wir im Holding, vier Stunden nach Abflug dann Ausweichlandung in Manchester. Nach längerer Verzögerung gab es mittags Busse nach London, doch dann blieb unser Bus mit Motorschaden auf der Autobahn liegen. Drei weitere Stunden Zwangspause bis Ersatz da war aber weiterhin keine Verpflegung, keine Toilette und keine Möglichkeit, zu telefonieren (Handys waren noch nicht erfunden). Busankunft in Gatwick um 21.12 Uhr Ortszeit, planmäßig wäre 8.45 Uhr morgens gewesen. Wenn einmal der Wurm drin ist…

Ein anderer bemerkenswerter Flug mit einer MD-81 führte mich am 3. August 1991 direkt in die Arktis. Um 0.30 Uhr nachts ging es im Schein der Mitternachtssonne vom nordnorwegischen Tromsø mit SAS in ihrem Zweistrahler SE-DIZ über das Polarmeer zur arktischen Inselgruppe Spitzbergen, Landung in Longyearbyen in der taghellen Polarnacht gegen zwei Uhr morgens. Den kurzen Rest der Nacht verbrachte ich wie andere Ankömmlinge meiner Reisegruppe im Zelt auf dem Campingplatz direkt gegenüber dem Terminalgebäude. Auf dem Flug fiel mir vor allem auf, wie viel die Norweger auf diesem Inlandsflug soffen. Bis zu zehn Mini-Flaschen Hochprozentiges pro Person schluckten sie an Bord weg, die die Flugbegleiterinnen bereitwillig jedem gratis aushändigten, der darum bat. Vielleicht erträgt man nur so ein Leben in dieser harschen, polaren Umgebung, dachte ich mir.

Was mir aufgefallen ist:

In den USA war die MD-80-Familie weit verbreitet. Und nur dort hat dieses Flugzeug einen Spitznamen, den in Europa niemand kennt, in Nordamerika aber jeder, der sich nur vage für Fliegerei interessiert: *Mad Dog*, verrückter Hund. Ich habe mich gefragt, warum und habe in einschlägigen Avgeek-Foren interessante Antworten gefunden. So spielen die Buchstaben MD dabei eine wichtige Rolle, die natürlich für den Hersteller stehen, aber eben auch für Mad Dog stehen könnten. Diesen *Nickname* hat man wohl auch deswegen erfunden, weil die MD-80 beim Start abgeht wie eine Rakete und dabei einen Höllenlärm macht, eben wie ein verrückter Hund. Auch braucht das Flugzeug, genau wie ein wilder Vierbeiner, die volle Aufmerksamkeit des Menschen, in einem Fall die des Piloten, im anderen die des Hundehalters. Ein weiterer Grund für den Spitznamen ist ein billiger amerikanischer Likörwein namens MD 20/20, der in grellen Farben leuchtet, zum schnellen Rausch führt und ebenfalls Mad Dog genannt wird.

Die Bedeutung der fliegenden Mad Dogs wurde mir erst bewusst, als ich vor einigen Jahren die Basis von American Airlines in Dallas/Fort Worth besucht habe. American hat in fast 40 Jahren insgesamt über 350 der MD-80-Jets genutzt, bevor die letzte mit sentimentalen Abschiedsflügen und Zeremonien im September 2019 außer Dienst gestellt wurde. Vorher konnte ich noch in Dallas eine einzigartige Choreografie der Mad Dogs bewundern: In einem überschaubaren Teil des Vorfelds vor den American-Flugsteigen kreisten zeitweise vier MD-80 in ihren Rollvorgängen so kunstvoll umeinander, wie es sonst nur Balletttänzer vermögen. Ja, es war tatsächlich eine Art Flugzeugballett, das mich sehr beeindruckt hat.

Was ich noch erzählen wollte

Die MD-80 von Aero Lloyd hat mir in den späten Achtzigern und frühen Neunzigern das Studentenleben in München tatsächlich fühlbar erleichtert. Ich war gerade dem Hotel Mama in Hamburg in die universitäre Selbstständigkeit Bayerns entschlüpft, und trotzdem fiel es mir manchmal schwer, auf all die heimischen Annehmlichkeiten zu verzichten. Die Bahnreisen von München nach Hamburg waren noch vor der Einführung der ICEs eine wahrlich langwierige (wenn auch damals im Schnitt pünktlichere) Angelegenheit. Und ich hatte neben dem Bedürfnis, ab und zu Familie und Freunde zu Hause zu sehen, auch die Frage zu entscheiden, ob ich meine Wäsche mit Münz-Waschmaschine im Keller unter meiner Studentenwohnung tatsächlich selbst wasche. Oder das lieber bequem für mich, durch eine Expertin, meine liebe Mutter erledigen ließ.

Da traf es sich gut, dass Aero Lloyd ab 1989 günstige Flüge zwischen München und Hamburg anbot. Zwar durfte sie preislich den vom vormaligen Monopolisten Lufthansa vorgegeben Super Flieg- und Spartarif nicht unterschreiten, dafür war der bei Aero Lloyd leichter zu bekommen: Für 266 DM (entspricht heute etwa 283 Euro) morgens um sieben von München-Riem nach Hamburg, nach einem Wochenende an der Elbe mit einer Tasche frischer Wäsche dann Montag entweder morgens oder abends zurück an die Isar. Sogar Bordservice war inklusive. Und ich als damals junger Luftfahrtjournalist bekam sogar schon ab und zu von der Airline ein Freiticket, machte Fotos und schrieb über das Angebot. Ich fand es super in den nie vollen MD-80 und durfte sogar mal auf dem Jumpseat mitfliegen. Geld verdient hat Aero Lloyd damit nie, ganz im Gegenteil, Millionen Mark wurden in den Sand gesetzt. Am 28. März 1991 zog man die Reißleine auf diesen innerdeutschen Linienverbindungen. Und jetzt darf das geneigte Publikum hier raten, wer am letzten Tag noch mal in der MD-87 D-ALLI von München nach Hamburg gesessen hat …

Fun Fact:

Ab April 1996 gab es für einige Jahre den ersten und einzigen echten Fast-Food-Jet: Die MD-83 HB-IUH der schweizerischen Crossair flog in jener Zeit im Charter für den Reiseveranstalter Hotelplan, und dieser ließ das Flugzeug vollkommen im Branding der Hamburger-Braterei McDonald's fliegen: Von der knallroten Bemalung mit riesiger Aufschrift und zum goldenen M am Leitwerk bis zu den Sitzen aus knallrotem Leder mit goldenem M an den Kopfpolstern. An Bord wurde selbstverständlich Fast Food serviert, im wesentlichen Burger, denn French Fries ließen sich nicht knusprig genug zubereiten. Ein großer Spaß für Jung und Alt. Ich bin damit leider nie geflogen und auch kein Fast-Food-Fan, fand die Idee aber spannend. Das Flugzeug, das mir manchmal begegnete, war jedenfalls nicht zu übersehen.

Karte 2 D

BAC 1-11: Der Ferienbrüller aus England

Das erste Mal vergisst man nie – und mein erster Flug fand 1973 mit der BAC 1-11 statt. Das Flugzeug ist nicht schön, dafür aber furchtbar laut.

Warum ich die BAC 1-11 ins Quartett aufnehme:

In den sechziger Jahren waren Kurzstreckenjets noch neu und das Monopol der US-Hersteller noch nicht zementiert. Auch die Briten wollten Anteil an diesem wichtigen Markt und brachten die BAC 1-11 heraus, die zunächst vor allem von einheimischen Gesellschaften geflogen wurde, darunter auch auf Berlin-Strecken von BEA, später British Airways. Zu Beginn der siebziger Jahre war die BAC 1-11 dann bei deutschen Chartergesellschaften wie Germanair, Bavaria und Paninternational ein beliebtes Muster für Pauschalreiseflüge ans Mittelmeer. Außerdem setzte sie British Airways damals im innerdeutschen Flugverkehr nach West-Berlin ein. Die letzte BAC 1-11 flog 2019.

Mein erster Flug mit der BAC 1-11:

Das allererste Mal vergisst man nie. Mein Jungfernflug fand im März 1973 statt, kurz vor meinem siebten Geburtstag. Es ging in den Spanienurlaub, meine Eltern nahmen eine weite Autofahrt von Hamburg nach Düsseldorf in Kauf, nur damit es erschwinglicher war. Wir stiegen in Düsseldorf hinten durch die Hecktreppe in die BAC 1-11 der Germanair und mein erster Eindruck war entsetzlich. Am Heck lief die Hilfsturbine auf Hochtouren und wir mussten direkt drunter durch, zum Fürchten laut. Als es endlich losging, war ich wie verzaubert – der Schub, der Start und dann die Aussicht von oben, alles auf der Erde plötzlich klein wie Spielzeug! Ich kann mich heute noch genau dran erinnern, wie fesselnd das für mich war, vom ersten Moment an. Nette Stewardessen, so nannte man die damals, servierten sogar etwas zu Essen in Plastiknäpfchen, das fand ich total cool und lecker. Zurück ging es dann mit der Bavaria BAC 1-11, und ich habe tatsächlich Flugzeugpostkarten und eine Sicherheitskarte von Bord mitgenommen. Und besser noch: Beides habe ich heute noch, und es wurde zum Grundstock von Sammlungen, die 50 Jahre später immer noch fortgeführt werden.

↑ BAC 1-11 der britischen Dan Air 1985 in Berlin-Tegel. (Dirk Grothe)

Besondere Flüge mit der BAC 1-11:

Der britische Ferienbrüller war auch innerhalb Deutschlands ein wichtiges Flugzeugmuster – seit 1969 flogen etliche von ihnen für British Airways, die innerdeutschen Flüge von und nach Berlin. Zunächst nach Tempelhof, ab 1975 dann nach Tegel. Hier setzten die Briten die verlängerte 1-11-500 ein, auch „Super One Eleven" genannt. Und so kam ich mit meinen damals 13 Jahren am 1. März 1980 zu dem Vergnügen von Hannover aus in niedriger Flughöhe durch den alliierten Luftkorridor über die DDR nach West-Berlin zu fliegen. Die damals schon ziemlich speckige Sicherheitskarte aus Hartplastik habe ich heute noch. Mein leider schon letzter Flug in der 1-11 führte mich am 13. Oktober 1984 an Bord der damaligen US Air von Syracuse im US-Bundesstaat New York nach Newark in Sichtweite Manhattans. Bis 1989 stand sie bei US Air im Einsatz.

Was mir aufgefallen ist:

Die BAC 1-11 hatte einen besonderen Beinamen: Das Flugzeug, das Kerosin direkt in Fluglärm verwandelt. Und das stimmte wirklich. Da Flugzeuge immer leiser werden, sind solche aus der Zeit gefallenen Donnervögel natürlich noch viel auffälliger, wenn alle anderen Jets bereits so lärmarm fliegen. Das wurde mir extrem bewusst, als ich 2010 zum letzten Mal eine BAC 1-11 fliegen sah, es war auch eine der Letzten der Welt, die sich noch in die Luft erhob. Sie flog für die Oman Air Force, und ich erlebte am Flughafen von Maskat einen Start mit – aus dem Büro des Flughafenchefs. Unfassbar, wie bei einem Raketenstart erzitterten die Fenster. Dass so ein Höllenlärm 40 Jahre zuvor auch auf deutschen Flughäfen noch Alltag war, ist heute wirklich unvorstellbar.

Was ich noch erzählen wollte:

Der schwerste Flugzeugabsturz der alten Bundesrepublik geschah am 6. September 1971 fast vor meiner Haustür, auch wenn ich damals als Fünfjähriger davon nichts mitbekam. Eine Chartermaschine der Paninternational auf dem Weg von Hamburg nach Málaga erlitt damals kurz nach dem Start den Ausfall beider Triebwerke. Später stellte sich heraus, dass durch menschliches Versagen statt destilliertem Wasser Kerosin in die Tanks für die Wassereinspritzung zur Leistungssteigerung der Triebwerke eingefüllt worden war, was zu Überhitzung und Ausfall führte. In einer fliegerischen Meisterleistung gelang es Pilot und Pilotin, das Flugzeug auf der noch kaum befahrenen Autobahn A7 nördlich von Hamburg notzulanden. Leider stand dann eine Autobahnbrücke im Weg, die Maschine zerbrach, 22 Menschen starben, aber 99 überlebten. Eine unglaubliche Geschichte, die mich immer fasziniert hat. 2021, zum 50. Jahrestag des Unfalls, stand ich selber auf der Autobahnbrücke von damals und interviewte Augenzeugen von 1971 und auch einen Überlebenden. Das war die erste Episode des mittlerweile erfolgreichen Podcasts Flugforensik.

Kurz darauf traf ich einen Kameramann, der mir erzählte, er sei damals mit 15 an der Absturzstelle gewesen und hätte ein Wrackteil mitgenommen, und ob ich das haben wolle. Klar, das Aluminiumfragment mit besonderer Geschichte hat heute einen Ehrenplatz.

Fun Fact:

Zum letzten Mal gesehen und angefasst habe ich eine BAC 1-11 erst 2015 – eine alte Maschine steht vergessen und verfallen auf dem Vorfeld des alten Athener Flughafens Hellenikon, den ich mit lokalen Veteranen besuchen konnte. Ein besonderes Gefühl, dort gerade diesem Flugzeugtyp in die Eingeweide blicken zu können. In besserem Zustand ist ein silbernes Metallmodell der BAC 1-11 auf einem Onyx-Steinsockel, das auf meinem Schreibtisch steht. Ich habe es für 400 Euro in einem Antiquariat in Bukarest erworben. Britische Werksvertreter hatten es 1979 dem damaligen rumänischen Diktator Ceaucescu überreicht, als die BAC 1-11-Produktion von England nach Rumänien verlagert werden sollte. Heute mein täglicher Hingucker.

Karte 3 A

DC-8: Der vierstrahlige Klassiker aus Long Beach

Ein legendärer früher Jetliner, der die Welt schrumpfen ließ und mich schon in den Achtzigern billig in die USA brachte.

Warum ich die DC-8 ins Quartett aufnehme:

Die DC-8 ist einer der beiden Klassiker der frühen Jet-Ära und verkörpert diese auch in ihrer Ästhetik, was man schon daran sieht, wie oft sie in Anzeigen oder Modeaufnahmen vor allem der Sechzigerjahre zu sehen ist. Kommerziell stand sie stets im Schatten der Boeing 707, die nicht nur fast ein Jahr früher in den Liniendienst startete, sondern von der auch rund ein Drittel mehr produziert wurden. Allerdings wiesen die späteren DC-8-Versionen weit eindrucksvollere Dimensionen auf, ihre scheinbar endlosen Rümpfe waren nämlich unglaubliche elf Meter länger als jede 707.

Mein erster Flug mit der DC-8:

Meine Premiere in der DC-8 ist auch ein Klassiker jener Zeit. Seit den frühen Siebzigern hatte sich in der Ära der durch das damalige IATA-Kartell hochgehaltenen Flugpreise ein Schlupfloch entwickelt: Flüge von Luxemburg via Keflavik mit Icelandair nach Amerika. Auch der spätere US-Präsident Bill Clinton nutzte die damalige „Hippie Airline". Bei mir war es erst nach Abi und Zivildienst so weit, und bis dahin waren die Hippie-Zeiten lange vorbei. Aber als Vorläufer heutiger Billigflieger hatten sich die Icelandair-Abflüge aus Luxemburg als billigste Luftbrücke über den Großen Teich etabliert. Also nahm ich den langen Treck von Hamburg per Zug nach Köln auf, dann mit dem Zubringerbus nach Luxemburg auf den damals sehr überschaubaren Flughafen Findel. Endlich stand sie vor mir an diesem 26. August 1987, die mächtige DC-8-63 mit dem Kennzeichen TF-FLT, ursprünglich 1969 an KLM geliefert und somit auch damals nicht mehr taufrisch. Mit 248 Economy-Sitzen war sie sehr dicht bestuhlt, mein Logbuch vermerkt für den langen Flug von Luxemburg via Keflavik nach Boston (reine Flugzeit 8:28 Stunden): „Furchtbar eingezwängt in 6A", die rosa Bordkarte mit der in

← DC-8-62 der SAS 1984 in Kopenhagen. (Dirk Grothe)

blau aufgeklebten Sitzplatznummer bestätigt das.

Besondere Flüge mit der DC-8:

Damals war die DC-8-73 auf US-Inlandsflügen noch eine häufige Erscheinung, und Vierstrahler habe ich immer gemocht. Daher war ich sehr erfreut, dass auf der gleichen USA-Reise 1987 ein längerer Flug mit diesem Typ bei Delta Airlines anstand. Diesmal ging es mit der noch älteren DC-8-73 N823E (geliefert 1967) erst in gut einer Stunde von New Orleans nach Dallas/Fort Worth und dann in knapp zweieinhalb Stunden weiter nach Las Vegas. Dieser Flug war sehr beeindruckend, ich hatte auf 19F einen schönen Fensterplatz, und sogar in Economy wurde damals auf längeren US-Inlandsflügen noch Steak mit Metallbesteck zum Lunch serviert (das Besteck habe ich heute noch …). Vor allem aber flogen wir direkt (und extra etwas tiefer) über den Grand Canyon, eines meiner Ziele auf dieser Reise, großartig. Meine letzte Tour mit der DC-8 fand im Dezember 1990 statt. Damals ging es mit der hauseigenen Airline des Schweizer Anbieters African Safari von Frankfurt nach Mombasa in Kenia, allerdings nicht in der spektakulär im Zebramuster bemalten früheren DC-8 der Firma. Immerhin trug unser Flugzeug das Kennzeichen 5Y-ZEB. Ich erinnere mich, wie eine Flugbegleiterin mir in der Galley während eines nötigen Tankstopps auf dem Rückweg in Athen ihr Leid über dieses alte Flugzeug klagte, wo so oft etwas nicht funktioniere.

Was mir aufgefallen ist:

Was mir auf DC-8-Flügen sofort auffiel, waren die riesigen, fast quadratischen Fenster. Anderswo musste man sich manchmal fast verrenken, um herausschauen zu können, während die DC-8 einen Panoramablick bot. In der Tat war die DC-8 damals der Jet mit den größten Fenstern, sie maßen 44 mal 52 Zentimeter, da kam kein anderer Typ mit. Sogar die Boeing 787, die heute die größten Fenster bietet, kann da nicht wirklich mithalten: Im Dreamliner sind sie mit 47 Zentimetern zwar etwas höher gezogen, allerdings mit nur 27 Zentimetern Breite wesentlich schmaler. Bei der DC-8 gibt es noch etwas Auffälliges, auch wenn ich das damals nicht wissen konnte, und es ist eine weitere Parallele zum Dreamliner von Boeing: Beide Flugzeuge nutzen zur Frischluftzufuhr in die Kli-

↑ Cockpit des NASA-Forschungsflugzeugs DC-8-63, das bis 2024 noch flog. (Dirk Grothe)

maanlage keine Zapfluft von den Triebwerken wie alle anderen Jets. Das erlaubt einerseits eine bessere Triebwerksleistung und Effizienz in anspruchsvollen Flugphasen, vor allem aber macht es Probleme mit verunreinigter Kabinenluft unmöglich, ein immer noch oft verkanntes Thema. Betrachtet man die Bugnase einer DC-8 genau, dann sieht man direkt unterhalb des Radoms zwei große Lufteinlässe – hier kommt die Luftzufuhr an Bord.

Was ich noch erzählen wollte:

Die NASA hatte bis vor kurzem noch die letzte zivile DC-8-63 als Forschungsflugzeug im

↑ DC-8-63CF des deutschen Ferienfliegers Atlantis 1972 im Anflug auf Hamburg. (Ralf Kokoschka)

Einsatz, ursprünglich war sie 1969 an Alitalia abgeliefert worden. Im Sommer 2015 durfte ich – was für ein Zufall – nach Keflavik reisen, um über eine Forschungskampagne von NASA und DLR zu berichten, bei der auch die DC-8 zum Einsatz kam. Mein Herz schlug höher, es war wie eine Zeitreise, diesem Jetliner-Klassiker noch mal so nahezukommen. Die freundlichen NASA-Piloten und Wissenschaftler zeigten mir jeden Winkel dieses besonderen Flugzeugs, ich kletterte sogar in den Frachtraum. Und ich durfte am Rand des Vorfelds und neben der Rollbahn stehen, wenn die DC-8 zu ihren Missionen aufstieg oder wiederkam. Natürlich wollte ich auch nur zu gern selbst mitfliegen. Diese Chance schien sich im Februar 2018 zu bieten.

Damals hatten sich DLR und NASA wieder zusammengetan und eine Kampagne zur Erforschung der Kondensstreifenbildung bei Verbrennung von nachhaltigem Flugtreibstoff (SAF) organisiert. Von der US-Luftwaffenbasis in Ramstein in der Pfalz gingen stets die A320 der DLR und die DC-8 der NASA gemeinsam auf Mission. Die DC-8 schnüffelte und beobachtete, hinter der A320 fliegend, was deren anteilig mit SAF betriebenen Triebwerke ausstießen und welche Kondensstreifen sich bildeten. Ich flog am ersten Tag in der A320 mit, konnte kurz aus der Luft die hinter uns fliegende DC-8 beobachten, bevor wir stundenlang über Mecklenburg-Vorpommern unsere Schleifen flogen. Am nächsten Tag sollte ich in der DC-8 mitfliegen, endlich. Doch sie war schon eine alte Lady, irgendwas funktionierte nicht, an diesem Tag konnte nicht geflogen werden. Was für ein Jammer, denn Zeit länger zu bleiben, hatte ich nicht. Toll war es trotzdem.

Fun Fact:

Ich kenne niemanden, der nicht Mittelsitze im Flugzeug hasst, mich eingeschlossen. Aber in der DC-8-63 von Icelandair musste ich umlernen. Damals gab es noch selten gedruckte Kabinenpläne (und schon gar nicht online), daher schaute ich mich auf dem Weg in die USA in der engen Kabine von Icelandair um. Einen Platz gab es, den ich haben wollte, er stand einzeln (!) links hinten in der vorderen Kabine vor dem Notausstieg. Und mir gelang es, für die beiden Rückflüge von New York via Boston nach Keflavik und später weiter von Island nach Luxemburg meinen Traumplatz zu ergattern. 10B – offiziell ein Mittelsitz. Faktisch der einzige „Thronsitz" unter 247 anderen, auf denen man eng wie in der sprichwörtlichen Sardinendose saß.

Karte 3 B

Boeing 707: Der klassische Jetliner

Zeitlos elegant und eine echte Pionierin: Die Boeing 707 läutete 1958 das Jet-Zeitalter ein. Ich erlebte 1978 meine erste Fernreise in dem Vierstrahler.

Warum ich die Boeing 707 ins Quartett aufnehme:

Die Boeing 707 ist ein zentrales Flugzeug in der Evolution des Luftverkehrs. Sie war in alle Welt unterwegs und verband die Kontinente schneller als je zuvor, oft ohne Tankstopps. Die glorreichen Zeiten von Pan Am begannen 1958 mit der 707. Später gab es kaum ein größeres Land, in dem nicht irgendwann die 707 registriert war. In Deutschland bildete sie in den sechziger Jahren das Rückgrat der Lufthansa-Langstreckenflotte – und flog bis in die frühen 1990er für die Flugbereitschaft der Luftwaffe Kanzler und Minister.

Mein erster Flug mit der Boeing 707:

Mit der Boeing 707 bin ich meine erste Langstrecke geflogen. Das war am 18. Dezember 1978, ich war zwölf Jahre alt. Mein Vater arbeitete zu dieser Zeit in Daressalam in Tansania, wir als Rest der Familie wollten ihn zu Weihnachten in Ostafrika besuchen kommen. Ich beneidete meinen Dad heiß und innig dafür, dass er mit der 707 der Lufthansa auf seine Dienstreise fliegen durfte. Das war für mich damals der unerreichbare Maßstab. Leider waren zu jener Zeit schon die Flugpreise der Kranich-Linie derart exorbitant, dass das für eine Privatreise für das Familienbudget undenkbar war. Aber mit der 707 durften wir trotzdem fliegen, immerhin. Allerdings mit Egypt Air, das war damals die beste Billigverbindung von Deutschland nach Tansania. Bei Minusgraden stiegen wir in Frankfurt abends in die ägyptische 707, und ich weiß noch, wie enttäuscht ich war. Die grellbunt bezogenen Sitze in Economy waren durchgesessen, Service und Essen mäßig. Das ist selbst mir als Zwölfjährigem schon aufgefallen. Mitten in der Nacht landeten wir in Kairo, Stunden später ging es mit der nächsten 707 weiter nach Daressalam. Mein erster Nachtflug, es war zu heiß in der Kabine, das Frühstücksomelette schmeckte seltsam und wir landeten heftig schwankend in einem Tropengewitter. Dann standen wir kreide-

↑ Ehemalige TWA-Boeing 707-331 flog ab 1979 für Air Berlin USA ab Tegel. (Manfred Winter)

bleich in unseren Winterklamotten plötzlich im feuchtheißen Afrika im Getümmel der Ankunftshalle. Das vergesse ich nie.

Besondere Flüge mit der Boeing 707:

Als Schülerredakteur konnte ich im Februar 1985 eine ganz besondere Reise machen: In der Boeing 707 der deutschen Flugbereitschaft mit dem militärischen Kennzeichen 10+01 von Köln/Bonn nach Washington-Dulles, da war ich 17. Als Mitglied eines Jugendpresseverbandes gingen wir als Gruppe von Jugendredakteuren mit der Luftwaffe auf eine Informationsreise in die USA. Inzwischen allerdings war mir bewusst, dass die 707 schon etwas in die Jahre gekommen war, auch unsere „Otto Lilienthal" – und die Lufthansa hatte ihre letzte schon 1984 ausgemustert. Auch die Luftwaffen-707 wirkten nicht mehr taufrisch, schließlich flogen sie dort seit 1968 – und waren bis 1999 noch über ein weiteres Jahrzehnt im Einsatz. Bestuhlt war die Maschine auf dem Hinweg normal, leider ohne VIP-Abteil – aber ganz vorn gab es tatsächlich gepolsterte Bänke unter den Fenstern anstelle von Sitzen. So kam ich mir schon auf meiner zweiten USA-Reise fast wie auf Staatsbesuch vor. Während der Tour sind wir dann auch noch mit der „Otto Lilienthal" von Washington nach El Paso in Texas (wo die Luftwaffe ihre Raketenschule unterhielt) und wieder nach Dulles geflogen, leider ohne VIP-Bänke. Die Maschinen pendelten damals auf diesen Strecken über den Atlantik und wurden je nach Bedarf konfiguriert. Unser Rückweg in der 10+03 war dann alles andere als glorreich. Wir verpassten beinahe das Flugzeug. Aber vor allem gab es auf diesem Flug nur ganz hinten in der 707-Kabine ein paar Sitzreihen, natürlich alle rappelvoll besetzt, drei Viertel der Fläche waren diesmal mit Luftfracht belegt und nach vorn durch eine Wand abgetrennt. Als kommender Zivildienstleistender blieb das viele Jahre meine erste und letzte Erfahrung mit der Bundeswehr. Und leider auch meine letzte mit der 707, die ich allerdings in bleibender Erinnerung behielt.

Was mir aufgefallen ist:

Mein Lieblingsteil an der 707 ist die oben vom Leitwerk wie ein Sporn oder Staurohr nach vorn ragende VHF-Antenne. Das sieht richtig schnittig aus und gibt dem ohnehin wohlproportionierten, eleganten Flugzeugkörper das gewisse Etwas. Diese Antenne hat mich schon als Kind beschäftigt – bei allen 707-Modellen, die ich bekam oder zusammenbaute, brach dieses empfindliche Teil grundsätzlich ab. Das sehe ich heute noch, wenn mir irgendwo 707-Modelle begegnen. Interessanterweise war das durch die Antenne geprägte, einzigartige 707-Leitwerk in seiner Silhouette so markant und stand für die große, weite Welt, in die die 707 ja flog, dass der Hamburger Zigarettenhersteller Reemtsma tatsächlich in den frühen 1970er eine (kurzlebige) Glimmstängelmarke herausbrachte, auf deren Packung im Look eines Luftpostbriefs (kennt das noch jemand heute?) ein 707-Leitwerk mit Globus drauf prangte. Der Clou war der absurde Name der Zigarette: „BOING 707". Ernsthaft. Vermutlich um sich markenrechtlichen Ärger mit dem Flugzeughersteller in Seattle zu ersparen.

Was ich noch erzählen wollte:

An den beiden Flughäfen Hamburg und Berlin-Tegel standen Jahrzehnte lang zwei Boeing 707 als Ausstellungsstücke, die beide zuletzt ein eher trauriges Dasein fristeten. Für den Vierstrahler in Tegel galt das schon viele Jahre. Nach der Schließung des Flughafens war das bittere Ende unvermeidlich – 2021 rückten die Bagger an und zerrissen die 1961 gebaute ehemalige EL AL-707 in nachge-

↑ Restaurierter 707-Prototyp Dash 80 1991 in Seattle, heute im Air and Space Museum nahe Washington-Dulles. (Spaeth)

machter Lufthansa-Bemalung. Ich war hautnah dabei, und es tat weh. Immerhin konnte ich ein paar kleine Fetzen des Rumpfes mitnehmen, manche schwer wie Panzerstahl, die heute in meinem Büro ausgestellt sind. Und ich bekam vom Eigner, dem Deutschen Technikmuseum, ein Original-Fensterpanel der Kabinenverkleidung, – das wiederum aus einer ganz anderen 707 stammte. Nämlich aus jener, die seit 1999 am Hamburger Flughafen stand, die ehemalige D-ABOD der Lufthansa, gebaut 1961. Auch sie wurde während der Corona-Pandemie 2021 gnadenlos in Hamburg abgewrackt. Immerhin gelang es mir, einen Coup zu vermitteln, der mich tröstete: Der Sitzhersteller Recaro konnte das legendäre Leitwerk kaufen und per Tieflader an den Firmensitz Schwäbisch-Hall bringen, wo es heute stolz als 707-Denkmal vor einem neuen Gebäude aufragt.

Fun Fact:

Im Sommer 1991 studierte ich für ein Summer Quarter an der University of Washington in Seattle, auch um Boeing nahe zu sein. Damals war der 707-Prototyp Boeing 367-80 (Dash-80) bereits vom Abstellplatz in der Wüste wieder nach Seattle gebracht worden. Am 15. Juli 1991 machte der Prototyp einen einmaligen Rundflug über die lokalen Boeing-Werke zur Feier des 75. Firmenjubiläums – und zum 37. Geburtstag seines eigenen Erstflugs. Heute steht das Flugzeug im Air and Space Museum am Flughafen Dulles nahe Washington DC. An diesem Julitag 1991 saß ich in meinem Zimmer auf dem Campus, hörte ein ungewöhnliches Geräusch am Himmel, rannte raus – und sah sie am Himmel im Tiefflug über uns! Kurz darauf traf ich bei einem Open Day am Boeing Field sowohl das Flugzeug am Boden wieder als auch seinen legendären frühen Testpiloten Tex Johnston. Der war ganz in der Nähe am 7. August 1955 in einer legendären Aktion auf einer Vorführung vor riesigem Publikum mit der Dash-80 zweimal auf dem Rücken geflogen, eine sogenannte Barrel Roll. Und der alte Draufgänger trug auch mit 78 immer noch seine ebenso sprichwörtlichen Cowboystiefel, – die inzwischen im Museum of Flight ausgestellt sind. Vor allem aber sprach er sehr freundlich und altersmilde mit mir und schrieb mir eine Widmung in sein Buch – *„For Andreas, a friend from Germany."* Unbezahlbar.

Karte 3 C

Airbus A300/A310: Europas erste Großraumjets

Die A300 war Basismodell einer Erfolgsgeschichte, die kürzere A310 markierte den Aufbruch in die Zukunft. Den Namen Airbus kenne ich seit der Grundschule.

Warum ich die A300/A310 ins Quartett aufnehme:

Mir ist der Ur-Airbus A300 erstmals begegnet, als ich noch nie geflogen war und kaum lesen konnte: Am Anfang der ersten Klasse in der Grundschule in Hamburg. Ein Mitschüler hatte einen Aufkleber auf dem Schulranzen, der ein Flugzeug zeigte, das mich wegen der seltsamen Aufschrift interessierte: „Airbus A300B". Das war genau zur gleichen Zeit im Herbst 1972, als die teilweise in Hamburg gebaute A300 ihren Erstflug in Toulouse absolvierte. An der Elbe sah ich manchmal aus dem elterlichen Auto auf der anderen Seite in Finkenwerder Flugzeughecks aufragen, mein Interesse war geweckt. Die A300 war eine Art europäischer Urknall in der Luftfahrt, ohne die Airbus heute nicht Weltmarktführer wäre. Das wusste ich damals natürlich noch nicht. Aus heutiger Sicht war vor allem die verkürzte A310 ein Jahrzehnt später ein wichtiger Meilenstein in die Zukunft der Verkehrsluftfahrt, der erstmals Innovationen einsetzte, die heute Alltag sind: Zweimann-Cockpit im Großraumjet, teilweise digitalisiert, Trimmtank im ebenfalls neuen CFK-Leitwerk, ETOPS für Langstrecken über Wasser, ein neuer „superkritischer" Flügel.

↑ Airbus A300 C4 im Dienst des deutschen Ferienfliegers Hapag-Lloyd Flug 1981. (Dirk Grothe)

Mein erster Flug mit der A300/A310:

Schon mit zwölf durfte ich das erste Mal überhaupt mit einem Airbus fliegen, einer A300B4, das für mich damals größte Flugzeug in meinem noch kurzen Logbuch. Nur von Hamburg nach Frankfurt am 18. Dezember 1978, aber immerhin, es war gleichzeitig mein erster Lufthansa-Flug, ich weiß heute nicht mehr, von was ich mehr beeindruckt war damals. Eine A310 bestieg ich erstmals ebenfalls innerdeutsch am 6. September 1985, die war damals selbst auf ultrakurzen Hüpfern wie von Berlin-Tegel nach Hamburg häufig anzutreffen. Mich brachte Pan Ams N802PA in gerade mal 38 Minuten von der Spree in meine Heimat an die Elbe.

Besondere Flüge mit der A300/A310:

Mit der späteren A300-600R hatte ich vor allem innerdeutsch viele Flüge, bemerkenswert waren die nicht. Dafür zwei meiner Reisen in der A310. Noch vor dem Mauerfall setzte Pan Am ihre A310 neben Berlin-Strecken auch auf Routen in die USA ein, was die Flexibilität dieses Flugzeugs zeigt. Weniger als drei Wochen vor dem Mauerfall hatte mir Pan Am als damals jungem Journalisten in der „Club Class" eine Passage von meinem Studienort München nach New York spendiert. Um in dieser aufgewerteten Pseudo-Businessclass-Kabine (Premium Economy nach heutigem Standard) zu sitzen, wurde ich vorab schriftlich aufgefordert, in Anzug und Krawatte einzuchecken. Am 21. Oktober 1989 flog ich also mit der A310-300 N811PA los. Ich fühlte mich in meinem alten Konfirmationsanzug total unwohl, und weil auch damals schon nur Leute mit Freitickets so aufgebrezelt reisten, andere dagegen in Shorts erschienen, fragte mich die Flugbegleiterin sofort: *„Are you working for Pan Am?"*. Ich riss mir erst mal den blöden Schlips runter. Leider hatten wir an diesem Herbsttag über dem Atlantik heftigsten Gegenwind, vermutlich konnte unsere A310 wegen der ETOPS-Regeln für Zweistrahler auch nicht die direkteste Route wählen. Jedenfalls waren wir nach unfassbaren neun Stunden und 13 Minuten erst in Goose Bay im kanadischen Labrador, wo wir zum Nachtanken zwischenlanden mussten. Ein typisches Problem schwach motorisierter Zweistrahler über dem Atlantik in östlicher Richtung. Wir standen nun also auf einem riesigen, leeren, eisigen, dunklen Vorfeld irgendwo am Ende von Kanada, und es kam einfach kein Tankwagen, niemand hatte uns auf dem Schirm. Ich glaube, es dauerte fast zwei Stunden, ehe wir wieder starten konnten, dann noch eine gute Stunde bis New York. Eine Odyssee in der A310 im Anzug.

↑ Mit ihren A310 flog Pan Am sowohl innerdeutsche Strecken nach Berlin sowie Transatlantikrouten. (Dirk Grothe)

Der andere besondere Flug fand zwei Monate vor Abwicklung der ostdeutschen Fluggesellschaft Interflug statt, die die deutsche Vereinigung 1990 nicht lange überleben sollte. Am 25. Februar 1991 flog ich als einziger Passagier in der Club Class (die Premiumklasse hieß bei Interflug genauso wie bei Pan Am und war ähnlich unbequem) in der jetzt D-AOAB registrierten A310-300 von Berlin-Schönefeld nach Bangkok in 10:23 Stunden. Unter den Flugbegleiterinnen, die sich Arbeitslosigkeit und Ungewissheit gegenübersahen, herrschte Endzeitstimmung, in der

↑ Das A310-Cockpit markiert den Beginn der Digitalisierung und der Zweimanncockpits, Pilotinnen kamen erst später. (Dirk Grothe)

Galley weinten sie. Die harte ostdeutsche Realität auf einem Flug nach Bangkok so hautnah zu erleben, habe ich nicht vergessen.

Was mir aufgefallen ist:

Die A310 konnte 1985 ganz kurz nach der Boeing 767 als zweiter Zweistrahler der damaligen ETOPS-120-Regel (Ausweichflughafen musste innerhalb von 120 Minuten erreichbar sein) folgend über den Atlantik fliegen. Vielen Passagieren war das unheimlich – was tun, wenn ein Motor ausfällt? Oder gar beide? Nicht umsonst wird ETOPS (Extended Twin Engine Operations) auch scherzhaft gern *„Engines Turn – Or Passengers Swim"* (entweder die Motoren drehen sich, oder die Passagiere schwimmen) abgekürzt. Probleme gab es nie, später wurden die Regeln, wie nahe zum nächsten Flughafen Zweistrahler fliegen müssen, immer weiter gelockert. Ähnliche Bedenken, vor allem unter Piloten, gab es anfangs auch gegenüber dem Zweimann-Cockpit in einem Großraumjet, auch das war damals neu und erschien manchen als potenziell gefährlich. Auch das wurde schnell zum bewährten Alltag. Die A310 war die Pionierin Seite an Seite mit der 767.

Was ich noch erzählen wollte:

Barbara Kracht, lange Pressechefin des Flugzeugbauers, hat Airbus seit ihren Studentenzeiten in Toulouse begleitet, ihr Vater Felix Kracht war als Ingenieur einer der „Erfinder" des europäischen Flugzeugs. Schon 1972 begleitete sie ihn zum A300-Erstflug. Sie hat mir aus den Anfangstagen spannende Eindrücke geschildert: „Zum Erstflug war kaum jemand da, weil in Toulouse und in ganz Frankreich die einzige Priorität damals die Concorde war und sich keiner um die A300 kümmerte." Auf die hatte niemand gewartet, auch bei den Airlines nicht, und die siebziger Jahre mit Durststrecken ganz ohne Flugzeugverkäufe waren nicht einfach. „Anders als die Concorde war die A300 aber das Flugzeug, das zum angekündigten Zeitpunkt tatsächlich ausgeliefert wurde, die versprochenen Leistungen lieferte und das zu den projektierten Kosten. Die Zulassung erfolgte sogar sechs Wochen vor dem angestrebten Termin", erinnert sie sich. Lange her.

Fun Fact:

Die A310 war das erste moderne Verkehrsflugzeug, das über einen zusätzlichen Trimmtank im Leitwerk verfügt. Damit kann das Flugzeug insgesamt mehr tanken und weiter fliegen, spart aber auch ein bis zwei Prozent Sprit, weil sich dank Trimmtank während des Fluges der Schwerpunkt anpassen lässt. Dieses Prinzip findet sich bis zur heutigen A350 in allen Airbus-Langstreckenjets.

↑ Demonstrationstour des A300-Prototyps durch Asien in den siebziger Jahren. (Archiv Spaeth/Airbus)

Karte 3 D

Boeing 787: Der Dreamliner als „Gamechanger“

Der Dreamliner war das erste Verkehrsflugzeug aus Verbundwerkstoff. Ich habe das um Jahre verzögerte Projekt seit dem Rollout 2007 begleitet.

Warum ich die 787 ins Quartett aufnehme:

Boeings „Plastikflieger“, wie er scherzhaft genannt wurde, ist ein Meilenstein in der Entwicklung von Passagierjets. Der Rumpf besteht erstmals nicht aus Aluminium, sondern aus Kohlefaserfäden, die verbacken mit Harz einen leichten, aber hochfesten Verbundwerkstoff bilden. Die neue Bauweise ermöglichte wichtige Innovationen beim Passagierkomfort, vor allem geringeren Kabinendruck, größere Fenster und feuchtere Kabinenluft. Der Wettbewerbsdruck führte dazu, dass Airbus nachziehen musste und mit der A350 einen ebenfalls erfolgreichen Flugzeugtyp der neuesten Generation ins Rennen schickte. Trotz vieler Rückschläge und Verzögerungen ist die Boeing 787 tatsächlich zu dem „Gamechanger“ geworden, als den ihn der Hersteller immer angepriesen hatte.

↑ Boeing 787-8 als Regierungsflugzeug Usbekistans 2020 in Hamburg. (Dirk Grothe)

Mein erster Flug mit der 787:

Meine Premiere im Dreamliner war gleichzeitig der allererste Flug, der weltweit überhaupt mit Passagieren stattfand. Das war mal für Ende 2008 geplant, bevor die 787 zum Pannenflieger wurde, doch nun standen wir erst fast drei Jahre später auf dem Flughafen Tokio-Narita. All Nippon Airways (ANA) war der Erstkunde und Erstbetreiber der 787 und Flug NH7871 sollte nun endlich am 26. Oktober 2011 nach Hongkong starten. Bevor das passierte, mussten wir Pressegäste die absurde japanische Organisation über uns ergehen lassen: Abfahrt aus dem Hotel in der Stadt um sechs Uhr morgens für einen Abflug mittags um halb eins, absurder gings kaum, endloses Rumsitzen ohne Verpflegung war die Folge. Ich hatte bald schon so viele langweilige Reden (meist nur aufJapanisch) über mich ergehen lassen müssen, dass das Flugzeug für mich seitdem nur noch „Nana-hachi-nana" heißt – 787 auf Japanisch. Als es endlich an Bord des ersten 787-8-Linienflugs ging, blieben die Japaner streng. Wir in Economy sitzenden Berichterstatter, ich hatte mit dem mir zugeteilten Gangplatz in der Mitte besonderes Pech, durften die Business Class absolut nicht betreten (gut, dass ich trotzdem unbemerkt dort ausgiebig fotografiert habe). Schaumwein wollte man uns nicht einmal gegen Bezahlung anbieten – ziemlich bizarr für ein feierliches Ereignis wie diesem. Aber bei ihren einmal aufgestellten Regeln kennen Japaner keinen Spaß, der Drill ähnelte eher einer Truppenverlegung. In vier Stunden und sieben Minuten ging es dann nach Hongkong, wo wir Reporter dann alle in einem gemieteten Hotel-Ballsaal an langen Tischen saßen, um unsere Berichte über das ach so tolle neue Flugzeug gleich in alle Welt zu verschicken.

Besondere Flüge mit der 787:

Kaum drei Monate später war ich zurück in Tokio, denn auch das nächste Kapitel in der noch jungen Geschichte der 787 wurde von ANA geschrieben: Der erste Langstrecken-Linienflug mit dem Dreamliner startete gegen ein Uhr morgens am 21. Januar 2012 von Tokio-Haneda passenderweise nach Frankfurt. Diesmal erlaubten sich die Japaner etwas fröhlichere Feierlichkeiten samt deutscher Blaskapelle und Ausschank von Bier und Sake am Gate. Der Nachtflug startete mitten in der Nacht und endete auch gefühlt mitten in der Nacht am sehr frühen Morgen in Frankfurt. Das Gefühl von ewiger Nacht wurde noch verstärkt dadurch, dass die Kabinencrew vergessen hatte, die ärgerlicherweise trotz Nachtflug mit der neuen 787-Dimmfunktion zwangsverdunkelten Fenster vor der Landung wieder zu öffnen. Wir hatten an Bord das Gefühl, auf einem unbeleuchteten Flughafen gelandet zu sein. Ein anderer besonderer 787-Flug war die Abholung des ersten Dreamliners für Norwegian aus Seattle am 29. Juni 2013, wo damals noch die Montage erfolgte (heute in Charleston, South Carolina). Es schien revolutionär, dass ein Billigflieger mit nagelneuen Jets Langstrecken anbieten wollte. Der charismatische Firmenchef Björn Kjus war natürlich auch dabei, der die Airline später weltweit aufblähte und bis 2021 insgesamt 37 Dreamliner betrieb, bevor der Kollaps folgte. Als der knorrige Chef abtrat, kam mir in den Sinn, was ich über die norwegische Aussprache seines Nachnamens gelernt hatte. Er spricht sich „Tschüss".

Was mir aufgefallen ist:

Besonders an der 787 ist ihr Passagierkomfort in neuen Bereichen. Die feuchtere Kabinenluft bei geringerem Kabinendruck macht wirklich einen erheblichen Unterschied auf Langstreckenflügen. Was ich vor allem daran merke, dass meine Nasenschleimhaut weniger eintrocknet, viel Wasser muss ich weiterhin trinken. Toll auch andere Features, die die 787 erstmals an Bord hatte: Ich liebe die an jedem Fensterplatz (wo ich immer zu sitzen versuche) individuell elektronisch dimmbaren Fenster. Ein wunderschönes Spielzeug, sehr angenehm, bei Sonneneinstrahlung den Lichteinfall dimmen und trotzdem rausgucken zu können. Ich weiß, viele 787-Passagiere hassen dieses Feature, vor allem weil bei manchen Airlines die Kabinencrews exzessiv von der technischen Möglichkeit Gebrauch machen, zentral alle Fenster zwangszuverdunkeln. Ich finde das geradezu übergriffig, habe es zum Glück selten erlebt auf Tagflügen, wenn doch, protestiere ich immer dagegen und verlange die Hoheit über meine Blende zurück. Mein anderer Favorit neben der grandiosen LED-Beleuchtung der Kabine in allen Regenbogenfarben ist die Toilettenspülung: Wie nach Auslösung eines Sensors ein mechanischer Arm ausfährt und in fünf

↑ Autor Andreas Spaeth (rechts) vor dem allerersten Linienflug einer Boeing 787, es ging von Tokio nach Hongkong im Oktober 2011. (Spaeth)

Sekunden den Klodeckel schließt, bevor Wasser fließt: Genial.

Was ich noch erzählen wollte:

Ich war auch am 8. Juli 2007 in Seattle in Sachen 787. Was unsereinem zunächst nicht auffallen mag – auf Amerikanisch geschrieben liest sich das Datum so: 7/8/07. Daher war es für Boeing immer absolut gesetzt, dass an diesem Tag der Rollout für die 787 stattfinden MUSS. Das passierte dann auch, eine riesige Zeremonie im Hangar in Everett wurde abgehalten vor der ersten anscheinend fertig montierten 787-8 in Firmenfarben. Die wurde dann feierlich nach draußen gerollt, sogar die Sonne schien. Wie Tausende Boeing-Mitarbeiter und Gäste lief auch ich unter das Flugzeug, klopfte anerkennend gegen den anders klingenden Kohlefaserrumpf und war beeindruckt. Doch bald danach kam heraus: Das mächtige Brimborium war eine Scharade gewesen, eine Farce, eine riesige Verlade. Denn das angeblich „fertige" Flugzeug hatte nicht mal Triebwerke eingebaut, innen war es völlig leer. Das Ganze war ein irgendwie zusammengeschusterter Prototyp-Fake, der sogar kaum verdeckte Löcher im Rumpf hatte. Das hat unser aller Vertrauen in Boeing erschüttert – was ja in den Folgejahren gerade auch im Zusammenhang mit der 787 noch häufiger passieren sollte.

Fun Fact:

Erstflüge brandneuer, vor allem großer Flugzeugtypen ziehen immer eine spezielle Gesellschaft von Erstflugfreaks an, es ist beinahe eine Art Club, viele kennen sich untereinander. Prominenter ist Thomas Lee aus Kalifornien, der nie fehlt. Er war schon als Jugendlicher mit seinen Eltern 1970 auf dem Erstflug der 747 dabei, ich lernte ihn 2007 auf dem A380-Erstflug kennen, wo er einen Bilderrahmen überreicht bekam, der nun sein A380-Erstflugdiplom neben dem der 747 einfasste. Unglaublicherweise schleppte er nun den ganzen Rahmen 2011 wieder mit nach Japan zum 787-Erstflug, immerhin verteilte er diesmal nicht erneut ganze Pressemappen zur Eigen-PR wie bei der A380-Premiere. Für diese Erstflieger-Klientel spielt Geld keine Rolle, auch bei der 787 noch mal dabei war ein Ehepaar aus Florida, das zwei Tickets zu je 30.000 US-Dollar für wohltätige Zwecke ersteigert hatte.

Karte 4 A

Douglas DC-4: Vom Rosinenbomber zum Airliner

In der Berliner Luftbrücke leistete die Militärvariante C-54 wichtige Dienste. Airlines gingen mit der DC-4 auf Langstrecken, ich hatte noch mehrfach das Vergnügen.

Warum ich die DC-4 ins Quartett aufnehme:

Die DC-4 war ein entscheidender Flugzeugtyp der frühen Nachkriegsära. Die Viermotorige ohne Druckkabine leistete in den späten vierziger Jahren Pionierdienste für alle größeren Airlines auf der Nordatlantikroute. Zuvor bildete sie das Rückgrat der Berliner Luftbrücke, als klassischer „Rosinenbomber" galt die C-54 Skymaster, die meistgebaute Militärversion. Transatlantikverbindungen waren anfangs klar die Domäne der DC-4, bis zu 86 Passagiere konnten über Entfernungen von mehr als 4800 Kilometer transportiert werden – ein beachtlicher technologischer Sprung gegenüber dem Vorgänger-Klassiker DC-3. Bis zum Kriegsende wurden 1165 Skymaster gebaut, die sich einen sehr guten Ruf für ihre Sicherheit und Zuverlässigkeit auf Langstrecken erwarben. Nach dem Krieg waren massenweise überzählige C-54 billig für zivile Betreiber zu haben, nur 79 direkt für den Passagierbetrieb gedachte DC-4 wurden bei Douglas noch zusätzlich gebaut. So wurde die DC-4 zum ersten Arbeitspferd des entstehenden globalen Passagierverkehrs.

↑ Veteran in der Wüste: Unterwegs in Namibia mit der DC-4 auf einer Rundreise 1995. (Spaeth)

Mein erster Flug mit der DC-4:

Vor über drei Jahrzehnten war ich fasziniert von den alten DC-4, die bei der historischen Abteilung von South African Airways (SAA) flugbereit gehalten wurden. Sie führten damals von Südafrika aus Edelcharterflüge durch. Ich bettelte einen deutschen Reiseveranstalter an, mich als jungen Journalisten mitzunehmen. Das klappte tatsächlich, und am 13. Oktober 1995 begann mein DC-4-Abenteuer in Namibia. An dem Tag ging es mit der ZS-BMH in blau-weißem Farbkleid und reichen deutschen Rentnern auf Luxus-Rundreise zunächst in 1:59:05 vom Stadtflughafen Eros in der namibischen Hauptstadt Windhuk nach Lüderitz an der Küste, immer auf kaum 3000 Meter Flughöhe, vor allem im Tiefflug ziemlich durchgerüttelt über den weltgrößten Sanddünen von Sossusvlei. Aus der Luft gab es sogar Antilopen zu beobachten, unvergesslich. Nach Stadtrundfahrt und Hummeressen in Lüderitz ging es mit der „Lebombo" in 1:23 noch weiter nach Swakopmund, eine alte deutsche Kolonialstadt an der Küste. In den folgenden sechs Tagen flog ich weitere sieben Mal in der DC-4, die Reise ging bis ins Okavangodelta und zu den Victoriafällen.

Besondere Flüge mit der DC-4:

Um in den Neunzigern und frühen Nullerjahren DC-4 zu fliegen, führte kein Weg an den gut gepflegten Veteranen aus Südafrika vorbei. Das merkte auch die damalige Swissair, die eine DC-4 suchte, um das 50. Jubiläum der Aufnahme von Langstreckendiensten mit Nostalgieflügen auf gleicher Strecke zu begehen. Am 2. Mai 1947 war Swissair erstmals von Genf via Shannon und Gander mit der DC-4 HB-ILI in Richtung New York gestartet, musste nach 20 Stunden und 55 Minuten Reisezeit mit ihren 17 Passagieren aber wegen schlechtem Wetter in Washington D.C. landen. Für die Neuauflage ein halbes Jahrhundert später chartern die Schweizer die zweite SAA-DC-4, die 1946 gebaute ZS-AUB und lassen sie im alten Swissair-Farbkleid erstrahlen. Ich bin neidisch auf diejenigen, die damit über den Atlantik fliegen dürfen. Aber ich bekomme meine Chance und darf eine Reise von Kairo nach Zürich mitmachen in der jetzt ZU-ILI registrierten „Outeniqua", so ihr SAA-Taufname. Am 28. Mai 1995 geht es in 46 Minuten erst mal von Kairo nach Alexandria, um den richtigen Sprit zu tanken. Dann in drei Stunden, zehn Minuten über das Mittelmeer nach Athen, toll im Tiefflug Inseln und Küsten zu sehen. Nach einem Tag Sightseeing in der griechischen Hauptstadt fliegt uns die alte Dame am 30. Mai 1997 in 5:42 Stunden nach Zürich, fast eine Langstrecke mit Kolbenmotoren. Die Alpenüberquerung in geringer Höhe ohne Druckkabine ist ein besonderes Erlebnis.

Was mir aufgefallen ist:

Ich durfte auf meinen DC-4-Flügen jederzeit ins Cockpit und habe mich viel mit den südafrikanischen Piloten unterhalten, die zu Freunden wurden. Ich lernte, dass sie wahrlich nicht leicht zu fliegen ist. So ist die Bedienung der beiden Steuersäulen und Ruderpedale zwischen Pilot und Copilot nicht gut aufeinander abgestimmt, außerdem müssen sie ständig nachtrimmen: „Um dieses Flugzeug mit Finesse zu fliegen, muss man ein sehr gutes Feingefühl dafür entwickeln", sagte mir einer, der normalerweise Jumbos bei SAA flog. Auch ist die Arbeitsbelastung im DC-4-Cockpit erheblich, das Flugzeug ist nur mit drei Mann zu bedienen. Der Flugingenieur ist dabei ein entscheidender Teil der Crew: Da der Pilot beide Hände zum eigentlichen Fliegen braucht, muss sich der Ingenieur um die Regelung des Triebwerksschubs kümmern, die enge Koordination zwischen dem fliegenden Piloten und dem Ingenieur ist daher besonders wichtig. Eine Schwachstelle sind die Landefähigkeiten, die DC-4 liefert zwar exzellente Startperformance, beim Landen ist sie schwieriger.

Was ich noch erzählen wollte:

Die erste DC-4, mit der ich sieben Teilstrecken fliegen durfte, hat eine bewegte Vergangenheit. Als allerletzte je gebaute DC-4 mit der Konstruktionsnummer 43157 wurde sie am 9. August 1947 nach Südafrika geliefert und ZS-BMH registriert. Zuerst kam sie mit 60 Sitzen auf der Strecke Johannesburg-Kapstadt zum Einsatz, später mit nur 40 Plätzen auf der 36 Stunden dauernden Langstrecke ins englische Hurne (bei Bournemouth) via Nairobi, Khartoum und Tripoli. Die ZS-BMH überstand am 30. Juni 1962 einen heftigen Unfall:

Im Anflug mit 54 Passagieren auf den Flughafen Durban stieß sie mit einem Harvard-Kampfflugzeug zusammen, dabei rasierte die Harvard mit einer Tragfläche einen Meter des Leitwerks der DC-4 ab und 65 Prozent des Seitenruders. Die Militärpiloten konnten sich mit dem Schleudersitz retten, bevor ihr Flugzeug abstürzte. Den SAA-Piloten gelang es, ihr stark beschädigtes Flugzeug sicher zu landen. Ab 1965 setzten die DC-4 ihre Karriere bei der südafrikanischen Luftwaffe fort. Im Angola-Krieg 1975 durchschlug eine Gewehrsalve zunächst eine Landeklappe und dann das Kabinendach und blieb in der Innenverkleidung stecken. Der Einschuss konnte mit einem darauf genieteten Metallstück geflickt werden, das noch heute auf der linken Seite auf der Höhe des „R" von „African" zu erkennen ist. 1984 schlug dann das Schicksal noch mal zu, als kurz nach dem Start der Motor Nr. 3 in Brand geriet und das Feuer schnell außer Kontrolle war. Nach einer zügigen Notlandung konnten die Flammen gelöscht werden, aber die Beschädigungen waren bereits so erheblich, dass es 18 Monate dauerte, die betroffene Sektion vor der Tragfläche zu reparieren – aber diese DC-4 hatte offensichtlich mehr als drei Leben. Heute ist sie Teil des SAA-Museums am Rand Airport in Johannesburg.

Fun Fact:

Fliegerischen Weltruhm erntete die aufpolierte DC-4 ZS-BMH, als sie im Oktober 1994 mit 32 Menschen an Bord in acht Tagen von Johannesburg 15.000 Kilometer zur größten Airshow der Welt nach Oshkosh/Wisconsin in den USA flog. Am Steuerknüppel neben dem südafrikanischen Kapitän saß dabei auf einer Teilstrecke kein Geringerer als Hollywoodstar und Flugzeugfan John Travolta, der sich allerdings auch nicht zu schade war, zeitweise in der Kabine Getränke auszuschenken.

Obwohl Funkverkehr kaum möglich war, wusste sich die Crew zu helfen: Auf einem Laptop empfing sie stündlich problemlos die neuesten Wetterdaten – per Fax. Die „Mike Hotel" ist mit sechs Treibstofftanks bestückt, die Nonstop-Flüge von bis zu zwölfeinhalb Stunden erlauben – auch auf der Oshkosh-Tour waren es aber nie mehr als zehn am Stück.

↓ Autor Andreas Spaeth vor DC-4 der SAA Historic Flight 1995 in Südafrika. (Spaeth)

Karte 4 B

Super Constellation: Die fliegende Schönheit

Die Super Connie aus den fünfziger Jahren ist für viele das schönste je gebaute Flugzeug. Ich bin glücklich, einmal damit geflogen zu sein.

Warum ich die Super Connie ins Quartett aufnehme:

Wer ist die Schönste am Himmel? Diese Frage zu beantworten hat für Luftfahrtfans etwas fast Religiöses. Die Antworten teilen sich in zwei Fraktionen auf: Ist es die Super Constellation – oder ist es die Concorde? Wobei sich die meisten gar nicht zwischen den beiden entscheiden können, ich übrigens auch nicht. Meine Hingabe zur Concorde ist hinlänglich bekannt. Allerdings habe ich sie auch viel intensiver noch selbst erlebt als die rund zwei Jahrzehnte ältere Super Connie. Aber selbst unabhängig von ihrer delfinartig-eleganten äußeren Form waren Lockheeds Constellation von 1943 und noch mehr die langstreckentaugliche Super Constellation von 1950 Meilensteine in der Geschichte der Kolbenmotorflugzeuge. Viele wichtige Langstrecken weltweit wurden erstmals mit der Super Connie aufgenommen – nicht zuletzt läutete sie für die Nachkriegs-Lufthansa 1955 die Rückkehr Deutschlands in den interkontinentalen Luftverkehr ein.

Mein erster Flug mit der Super Connie:

Dass ich überhaupt selbst noch mit diesem großartigen Flugzeug fliegen konnte ist ein kleines Wunder. Und ich musste dafür nicht mal weit reisen, der Flug begann in Hamburg vor meiner Haustür, und er endete auch dort: Am 16. September 2007 konnte ich an Bord der Breitling Super Constellation aus der Schweiz meinen ersten und einzigen (Rund-) Flug mit diesem legendären Flugzeug unternehmen. Zwischen 2004 und 2016 flog sie Mitglieder der *Super Constellation Flyers Association* aus Basel, aus versicherungsrechtlichen Gründen durften jeweils nur 36 Passagiere mitfliegen, obwohl 106 Platz gefunden hätten. Alle Mitflieger mussten pro forma vorher Vereinsmitglied werden. Unser knapp einstündiger Flug bedeutete eine Menge Arbeit für viele enthusiastische Vereinsangehörige, darunter drei im Cockpit. Pilot war der

↑ Lufthansa Super Constellation in den frühen sechziger Jahren in Düsseldorf. (Flughafen Düsseldorf)

damals 75jährige Al Malecha aus Arizona, der auch andere Veteranen kannte. „Die Connie ist dank ihrer Hydraulik viel leichter zu fliegen als etwa die DC-3 oder DC-6, da brauchte man viel mehr Handarbeit", erzählte mir Malecha. Schon das Starten der vier mächtigen Motoren des Typs Curtiss-Wright Cyclone mit ihren 18 Doppelzylindern war aufregend. Dicke Rauchwolken traten seitlich aus, als die je 3250 PS starken Antriebe zum Leben erwachten. Ganz normal, beruhigte Malecha die Gäste, während des Stillstands am Boden sickert Öl in die Zylinder, das beim Anlassen verbrennt. Der Flug selbst war spektakulär – im Tiefflug ging es ab Hamburg dröhnend die Elbe hinauf bis zur Mündung bei Cuxhaven. Dann über dem Watt noch tiefer runter, ich konnte von Bord Wattwanderer beobachten, die den Schock ihres Lebens bekamen, als plötzlich dieses riesige brummende Ungetüm von oben scheinbar auf sie herniederschoss. Unvergesslich auch der Blick seitlich nach hinten, auf eine der drei Heckflossen.

Besondere Flüge mit der Super Connie:

Mehr als dieser eine Flug war mir leider nicht vergönnt. Allerdings begann meine Bekanntschaft mit der Connie schon im zarten Kindesalter, und das hing sehr wohl mit einem besonderen Flug zusammen. 1955 hatte der damalige Bundeskanzler Konrad Adenauer bei Lufthansa zwei Super Connies mieten lassen, um damit auf seine erste Moskau-Reise zu gehen und nach Verhandlungen mit der sowjetischen Regierung deutsche Kriegsgefangene mit nach Hause zu nehmen. Eines dieser Flugzeuge, Kennzeichen D-ALIN, stand in den siebziger Jahren als Museumsstück am Hamburger Flughafen, man konnte als Teil eines Besuchs in der berühmten Flughafen-Modellschau dort hineinklettern, was ich schon als Sechsjähriger ganz toll fand – meine erste Begegnung mit der Connie. Seit langem steht das Flugzeug heute in einem Museum in Hermeskeil in Rheinland-Pfalz. Erst kürzlich fand ich auf einem Flohmarkt private Schnappschüsse davon, wie Adenauer nach der Rückkehr 1955 aus dieser Connie steigt.

Was mir aufgefallen ist:

So schön die Connie war, so unzuverlässig waren ihre Motoren. Nicht umsonst trug sie früher den Beinamen „beste Dreimotorige der Welt." Immer wieder ließen die Cyclone-Motoren die Besatzungen etwa auf Transatlantikflügen im Stich. Allein die Lufthansa verzeichne-

→ Noch bis 2016 flog die Schweizer „Super Connie", deren Cockpit sich gegenüber den fünfziger Jahren nur minimal verändert hatte. (Spaeth)

↑ In der Schweiz flog diese Super Constellation im Betrieb eines Museumsvereins von 2004 bis 2016. Hier bei der Landung in Hamburg 2015. (Spaeth)

te auf jedem dritten ihrer Flüge ab 1955 einen Motorausfall. „Das sind gute Motoren", hatte mir Kapitän Al Malecha auf meinem Flug erklärt, „aber sie sind anfälliger als andere, weil sie in der Leistung überzüchtet wurden."

Was ich noch erzählen wollte:

Ich (und viele andere) hatten bis vor wenigen Jahren noch Hoffnung auf eine neue, goldene Ära des Retro-Flugvergnügens mit der Super Connie, besser gesagt der Lockheed Starliner. Das war die letzte Langstreckenvariante, bei Lufthansa Super Star genannt, sie setzte von 1958 bis 1960 vier davon auf Luxusflugdiensten ein. 2007 erwarb die Lufthansa Berlin Stiftung drei überlebende Starliner in den USA, darunter ihre ehemalige D-ALAN. Ab 2008 wurde daraus in Auburn/Main ein flugfähiges, restauriertes Flugzeug aufgebaut. Treiber der Wiederbelebung der Super Star war Lufthansa Technik, insgesamt wurden im Laufe der Zeit über hundert Millionen Euro in das aberwitzige, aber reizvolle Projekt versenkt. Ziel war, mit der neu erstrahlenden alten Super Star eines Tages Edel-Charterflüge über den Atlantik zu unternehmen. Das hätte ich gern erlebt, doch 2018 wurde dieses einigermaßen absurde Projekt eingestellt, die weitgehend fertige Super Star zerlegt und nach Deutschland verschifft. Dann 2024 bei Lufthansa Technik wieder zusammengesetzt, soll sie ab 2026 zum hundertsten Bestehen der Lufthansa in einer gläsernen Halle neben der Frankfurter Hauptverwaltung zusammen mit der ebenfalls gegroundeten Ju-52 D-AQUI von 1936 ausgestellt werden. Mit der Super Star als einem, wenn nicht dem teuersten Exponat weltweit, egal in welchem Museum, wer stellt schon den Gegenwert von rund 150 Millionen Euro in eine gläserne Halle.

Fun Fact:

Eines der auffälligsten Merkmale der Super Connie ist ihre dreiteilige Heckflosse, die nicht aus einem großen, sondern drei kleinen Leitwerken besteht. Der Grund dafür ist nicht, dass man nach einem unverwechselbaren Design-Merkmal suchte, sondern ein ganz simpler: Damals waren die Hangars auf die DC-3 ausgerichtet und damit viel zu klein, um ein Flugzeug unterzustellen, dessen Leitwerk seiner Größe entsprechend viel größer hätte sein müssen. Daher entschieden sich die Ingenieure, stattdessen drei kleine Leitwerke anzubringen, um damit weiter die vorhandenen Hangars nutzen zu können. Problem gelöst.

Karte 4 C

ATR-42/-72: Effizienzquirl aus Toulouse

In die verstecktesten Ecken der Erde hat der Turboprop-Weltmarkführer mich schon gebracht und sogar eine ETOPS-Strecke über dem Ozean bin ich damit geflogen.

Warum ich die ATR-42/-72 ins Quartett aufnehme:

Seit fast vier Jahrzehnten setzt die französisch-italienische Gemeinschaftsproduktion Maßstäbe für effizientes Fliegen auf Regionalstrecken. Sogar den früheren kanadischen Marktführer Dash-8 haben die Südeuropäer inzwischen hinter sich gelassen, Ende nicht absehbar. Vor allem die größere ATR-72 hat sich heute zum Standard auf fast allen Erdteilen entwickelt, es gibt kaum ein Gebiet auf dem Globus, wo nicht ATR-Turboprops fliegen. Ständig werden die Modelle verfeinert, neue Nischenversionen ausprobiert, um relevant zu bleiben.

Mein erster Flug mit der ATR-42/-72:

Auch in den damaligen Berlin-Korridoren war die ATR-42 für Pan Am Express unterwegs, am 9. März 1989 bin ich erstmals in diesem Turboprop von Hamburg nach Berlin-Tegel geflogen in 48:28 Minuten. Etwas exotischer war meine Premierenstrecke auf der ATR-72, sie startete am 25. November 1995 am Rande der Sahara in der südtunesischen Stadt Tozeur, wohin mich eine Ballon-Veranstaltung verschlagen hatte. Mit der Inlandsgesellschaft Tuninter ging es in deren neuer ATR-72 TS-LBC in 54 Minuten in die Hauptstadt Tunis zurück.

Besondere Flüge mit der ATR-42/-72:

Noch vor dem Mauerfall lud mich Pan Am ein, ihre neuen Regionalstrecken ab Berlin auszuprobieren. Ich entschied mich für Stockholm und flog am 28. März 1989 mit der ATR-42 von Pan Am Express von Tegel nach Arlanda in zwei Stunden, elf Minuten. In meinem Logbuch schwärme ich vom großartigen Service – es gab zwei Menütabletts und Champagner. Das war bei der damals schon von der Pleite bedrohten Pan Am und auf Regionalstrecken eine absolute Ausnahme, allerdings waren die Flugpreise auch exorbitant hoch auf solchen Geschäftsreiseverbindungen. Flüge mit der ATR sind oft besonders, weil kein anderer Flugzeugtyp in

↑ Bangkok Airways betreibt ihre ATR-72-Flotte aus Thailand auf Regionalstrecken in farbenfrohen Bemalungen. (Dirk Grothe)

dieser Dichte Verbindungen herstellt vor allem von, zu und zwischen Inseln. Meine Liste, welche Eilande ich dank der ATR erreichte habe, ist lang: Egal ob Kanalinseln, Kanaren, Kapverden, Malediven, Madagaskar, Mauritius, Fidschi oder Polynesien – ATR-Flüge sind oft der einzige Weg dorthin oder lokal vor Ort. Einen echten Bilderbuchflug in der ATR-72 bietet Air Tahiti: Vom internationalen Flughafen Papeete, der Hauptstadt Französisch-Polynesiens zur Insel Bora Bora. Den habe ich am 17. September 2019 gemacht in der ATR-72 F-ORVI in 50 Minuten 33 Sekunden. Wenn die ATR über dem Atollring der Insel vor dem in der Mitte über 700 Meter hoch aufragenden ruhenden Vulkan eindreht und vor der Kulisse von türkisblauem Wasser und Palmen auf dem parkartig wirkenden Flugplatz aufsetzt, dann ist das einfach nur paradiesisch.

Was mir aufgefallen ist:

Die ATR ist das vermutlich einzige Verkehrsflugzeug, in dem verkehrte Welt herrscht: Es gibt nur eine Einstiegstür für Passagiere samt eigener Treppe, und die liegt ganz hinten. Während man üblicherweise nach Plätzen möglichst weit vorn strebt, wo ja in allen anderen Flugzeugen nicht zufällig die Premiumklassen eingerichtet sind, befindet sich in der ATR, wenn es sie denn in seltenen Fällen tatsächlich gibt, die Business Class in den hintersten Reihen. Macht absolut Sinn, denn von hier hinten ist man am schnellsten draußen, und hier ist das Motorengeräusch am weitesten entfernt und die Aussicht am besten, Propeller und Tragflächen des Hochdeckers versperren hier nicht den Blick. Die Kabine endet vorn vor einer Wand. Die darin befindliche Tür sollten nur Crewmitglieder öffnen, denn sie führt direkt in den Frachtraum, der durch eine große Klappe vorn links hinter dem Cockpit beladen wird. Um ins Cockpit zu gelangen, müssen die Flugbegleiter den Frachtraum durchqueren.

Was ich noch erzählen wollte:

Ein ATR-72-Flug mit Air Tahiti im Juni 2011 eröffnete mir eine neue Dimension des Turboprop-Fliegens. Ich hatte zumindest auf einem Linienflug noch nie eine so lange Strecke in einem Propellerflugzeug zurückgelegt und vor allem noch nie einen fast vierstündigen Flug per Turboprop ausschließlich über Wasser absolviert. Und tatsächlich hat der Hersteller in Toulouse genau für solche Strecken in Französisch-Polynesien ihre ATR-600-Version beider Varianten speziell für ETOPS120 ausgelegt. Das hat mich erstaunt, denn ich kannte zuvor ETOPS (*Extended Twin-Engine Operations*) nur von zweistrahligen Jets, wenn es um Transatlantik- oder Transpazifikflüge ging. Mit ETOPS120 kann die ATR in Tahiti Strecken mit bis zu vier Stunden Flugdauer bedienen, weil sichergestellt ist, dass sie bei Problemen innerhalb von zwei Stunden den nächsten Flughafen erreichen kann. Mein Flug von Papeete hatte das Ziel Nuku Hiva auf den Marquesas-Inseln, viel weiter weg von Deutschland geht nicht. Bis Papeete sind es via Los Angeles schon mal fast 16.000 Kilometer und dann noch mal 1400 Kilometer von der Hauptstadt auf die Marquesas. Aber es lohnt sich, dort ist es spektakulär.

Fun Fact:

Wer die Flugzeugproduktion von ATR in Toulouse besucht und sich schon mal mit der Geschichte des Werks in Blagnac beschäftigt hat, stutzt. Weil die hohe, etwas in die Jahre gekommene Haupthalle der Fertigung einem seltsam bekannt vorkommt. Ein Vergleich der Fotos von heute mit historischen Bildern zeigt es eindeutig: In diesen Hallen wurde ab 1958 schon die Caravelle gefertigt, später die Concorde und danach die frühen Airbus-Typen A300 und A310. Heute denkt jeder bei Toulouse nur an Airbus, aber der Standort ist so viel mehr als das, aktuell eben auch die Fertigung hocheffizienter Turboprops.

Karte 4 D

Twin Otter: Die Zweimotorige, die überall hinkommt

Die kanadische Turboprop ist unverwüstlich, und nahezu kein Winkel der Erde ist ihr fremd. Ich kenne sie mit Fahrwerk, Schwimmern und Skiern.

Warum ich die Twin Otter ins Quartett aufnehme:

Die Twin Otter ist ein absolutes Phänomen und mir sehr ans Herz gewachsen. Ein unglaublich robustes, anpassungsfähiges Flugzeug, das dafür sorgt, dass Menschen und Güter auch an die entlegensten Winkel des Globus gelangen können. Die Twin Otter ist nur unwesentlich älter als ich selbst und heute so wichtig wie schon vor Jahrzehnten. Ich bin mit ihr auf kürzesten Inselpisten gelandet auf Helgoland oder kleinen Seychellen-Eilanden oder im Steilanflug in der Karibik, auf Schwimmern im Hafen Vancouver, bei idyllischen Resorts auf den Malediven und den Fidschi-Inseln und sogar auf Skiern in der Antarktis. Wenn es sonst keine Transportmöglichkeit gibt – die Twin Otter bietet fast immer Zugang. Ein unersetzliches Arbeitspferd, das wurde nach dem Ende der Produktion durch de Havilland Canada 1988 bald klar. So übernahm die Firma Viking und stellt seit 2008 bis heute wiederum erfolgreich modernisierte Versionen des Flugzeugs her.

↑ Mit Schweizer Kennzeichen flog diese Twin Otter mit Schwimmern 2022 in Dänemark. (Dirk Grothe)

Mein erster Flug mit der Twin Otter:

Ich war gerade zehn Jahre alt, als ich im August 1976 während der Sommerferien mit meinem Vater von Hamburg die Elbe entlang nach Helgoland fliegen durfte mit der Twin Otter von Hadag Air. Die Reederei der Hamburger Hafenfähren hatte damals von General Air auch die Seebäderflüge übernommen und war seitdem nicht nur auf, sondern auch über dem Wasser unterwegs. Mein Vater war ein Sparfuchs, und damals gab es eine Aktion Ferienpass für Schulkinder. Der Flug auf einem Umlauf hin und zurück war, glaube ich gratis für das Kind, die erwachsene Begleitperson zahlte nur 50 Mark für den Roundtrip. Mein Vater, der als Wissenschaftler öfter auf Helgoland zu tun hatte, nutzte den Ausflug, um einem Kollegen vor Ort Material einzufliegen. So hatten alle was davon, ich war hoch beeindruckt, die Landung auf der extrem kurzen Piste quasi am Strand der Helgoland benachbarten Düne zeigte perfekt die STOL-Eigenschaften der Twin Otter für Kurzstart- und Landungen.

Besondere Flüge mit der Twin Otter:

Der vermutlich ungewöhnlichste Twin Otter-Linienflug auf der Welt führt täglich von Glasgow in Schottland auf die Äußeren Hebriden, einer vorgelagerten Inselgruppe. Auf Barra gibt es den dazu ungewöhnlichsten Verkehrsflughafen der Welt: Er kann nur bei Ebbe angeflogen werden, denn die drei ausgewiesenen Pisten befinden sich am Strand auf dem Sand und sind nur bei Niedrigwasser überhaupt physisch vorhanden. Also richten sich die Flugpläne nach den Gezeiten. Ich bin am 13. Oktober 2016 nach 48 Minuten Flug zum ersten Mal dort gelandet in einer Twin Otter der schottischen Loganair/HIAL, faszinierend, wie der feuchte Sand hochspritzt beim Aufsetzen am Strand. Der Flughafenmanager erzählte mir dann, wie er kürzlich bei einer Inspektion einen toten Hai auf einer der Pisten gefunden habe, auch das sicher einmalig in der Luftfahrt.

Was mir aufgefallen ist:

Ein wichtiger Airline-Betreiber der Twin Otter ist Harbour Air in Vancouver, zweitgrößte Wasserflugzeug-Airline der Welt nach Trans Maldivian Airways. Die meisten davon sind kleinere Typen, aber die vier 18sitzigen Twin Otter mit Extraraum für Gepäck in der Kabine sind die größten und schnellsten Maschinen der Flotte. Sie fliegen vor allem zur Hauptverkehrszeit auf der Rennstrecke zwischen Vancouver Harbour und Victoria, Hauptstadt der Provinz British Columbia, eine halbe Flugstunde entfernt auf Vancouver Island. Zu Stoßzeiten geht alle zehn Minuten ein Flug. Bevor junge Bewerber bei Harbour Air ins Cockpit der Twin Otter kommen und Piloten werden können, arbeiten sie üblicherweise einige Zeit bei der Bodenabfertigung der Wasserflugzeuge und gewinnen so schon einen guten Einblick in diesen ungewöhnlichen Flugbetrieb.

Was ich noch erzählen wollte:

Auf den Malediven wäre Tourismus als größter Wirtschaftszweig des Landes ohne Twin Otters unmöglich. Die weltgrößte Wasserflugzeug-Gesellschaft Trans Maldivian Airways (TMA) betreibt davon unglaubliche 65 Stück, vom riesigen Wasserflughafen neben dem internationalen Flughafen in Male werden so die Gäste im Land auf die Resortinseln verteilt. Das zu erleben ist sehr beeindruckend und die Tatsache, dass auf den Malediven alle Piloten barfuß fliegen! Sie müssen, wenn sie das Cockpit verlassen, häufig auf den Schwimmern balancieren, da wären Schuhe nur hinderlich, Barfuß Autofahren ist nicht zu empfehlen, barfuß sogar Linienmaschinen zu steuern scheint hier dagegen das natürlichste der Welt.

Fun Fact:

Twin Otters als Wasserflugzeuge bringen Besonderheiten: Zu den wichtigsten Aufgaben eines Piloten auf den Malediven zählt es, mit dem Wasserschlauch regelmäßig die Twin Otter abzuspritzen. „Korrosion durch das Salzwasser macht den Flugzeugen hier am meisten zu schaffen, gerade Rumpf und Motoren brauchen deswegen täglich eine Wäsche mit Süßwasser, alle 60 Flugstunden wird das Flugzeug dafür sogar an Land geholt", erklärt der TMA-Checkpilot. Harbour Air in Kanada dagegen nutzt eine interessante Methode, mehr Gepäck mitnehmen zu können: In den großen Schwimmern unter dem Flugzeug gibt es oben eine Klappe, die ein Fach öffnet, in dem etwa ein Koffer verstaut werden kann. Nach der Landung sieht man dann manchmal Helfer, die auf den Schwimmern balancieren, um von tief unten die Zuladung wieder heraus zu wuchten.

↑ In Sonderbemalung für einen Flugzeugmodell-Hersteller flog 2024 diese Embraer E190 von German Airways. (Dirk Grothe)

Karte 5 A

Embraer E-Jets: Die moderne brasilianische Großfamilie

Seit den neunziger Jahren hat sich Embraer zum dritten Player auf dem Jet-Markt entwickelt. Ich war noch vor Produktionsbeginn erstmals vor Ort in São José.

Warum ich die E-Jets ins Quartett aufnehme:

Einen komfortablen wirtschaftlichen Regionaljet, das war es, was Europas führende Regionalfluggesellschaft Crossair aus Basel 1999 haben wollte. Ihr visionärer Firmenpatriarch Moritz Suter fand in Brasilien beim aufstrebenden Hersteller Embraer den richtigen Partner. „Keine Mittelsitze" war eine von Suters wichtigsten Vorgaben. Ich war schon im Dezember 1999 erstmals im Embraer-Stammwerk in São José dos Campos, zwei Autostunden nördlich von São Paulo. Damals liefen hier die Planierarbeiten in der feuerroten Erde für die Fundamente der neuen Produktionshallen für die künftigen E-Jets. Traurigerweise ging dann die Crossair Ende 2001 nach der Swissair-Pleite im Nachfolger Swiss auf und konnte die maßgeblich nach ihren Spezifikationen entwickelten Flugzeuge nicht mehr selbst übernehmen. Nicht nur wegen der fehlenden Mittelsitze waren mir die E-Jets immer ähnlich sympathisch wie die Brasilianer, die sie bauen. Die Regionalflieger bieten einfach hervorragenden Passagierkomfort für diese vorher unbekannte Flugzeugklasse und sind gleichzeitig auf vielen Strecken besonders wirtschaftlich zu betreiben.

Meine ersten Flüge mit den E-Jets:

Mein erster Flug mit einem E-Jet, dem Basismodell E170, mutet heute doppelt nostalgisch an, weil es weder die Airline noch den Zielflughafen mehr im Luftverkehr gibt. Am 4. April 2005 flog ich mit der Regionallinie Cirrus Air von Saarbrücken, ihrem Heimatflughafen in der D-ALIE in 55 Minuten nach Berlin-Tempelhof, damals noch Stadtflughafen. Die großen Fenster, die bequeme 2+2-Bestuhlung je Reihe und vor allem der in der Kabine sehr leise Flug fielen mir sofort positiv auf und zementierten meine Wertschätzung für die Jets aus Südamerika. Die wesentlich größere E190 konnte ich am 8. Mai 2008 erstmals selbst nutzen, mit der Finnair-Tochter Norra ging es an Bord der OH-LEO in 1:37 Stunden von Hamburg nach Helsinki. Als Passagier merkt man allerdings keinen Unterschied, ob man im Basismodell E170 sitzt oder in der neun Meter längeren größten Variante E195.

Besondere Flüge mit den E-Jets:

Den mit Abstand ungewöhnlichsten Linienflug mit einem E-Jet trat ich am 17. März 2018 an: Airlink aus Südafrika fliegt einmal wöchentlich auf die einsamste Insel der Welt, die erst seit 2017 über einen betriebsfähigen Flughafen verfügt: St. Helena, mitten im Südatlantik gelegen, bekannt als Verbannungsort Napoleons. Hier eine Piste anzulegen und den extremen Winden zu trotzen, war eine Herausforderung, an denen etwa eine Boeing 737 bei Testflügen scheiterte. Für die E190, die beim Landen mehr Rückenwind toleriert als die 737, ist dies eine ideale Strecke, die trotz ungewöhnlicher äußerer Bedingungen seitdem erstaunlich reibungslos funktioniert. An Bord der ZS-YAD, wo anfangs aus Gewichtsgründen nicht alle Sitze verkauft wurden, geht es zunächst in 1:40 Stunde nach Windhuk in Namibia. Hier wird aufgetankt und bei ausreichend positivem Wetterbericht für St. Helena die in meinem Fall 3:22 Stunden lange Reise über den Atlantik auf die Insel angetreten. Die Landung auf der am Rande einer steil in den tosenden Ozean abfallenden Felswand liegenden Piste ist schon eine besondere Erfahrung. Einen kurzen, aber denkwürdigen Flug in der E195 hatte ich am 24. März 2023 mit einem Werksflugzeug, das mich vom hauseigenen Flugplatz in São José in 22:30 Minuten zum Stadtflughafen Congonhas in der Mega-Metropole São Paulo brachte. Frühmorgens entlang der Atlantikküste und dann im Tiefflug über die endlose Stadt zu fliegen war eindrucksvoll.

Was mir aufgefallen ist:

Moritz Suter, damals Crossair-Chef, sei Dank, denn die E-Jets waren bis zur Einführung der A220 die einzige völlige Neuentwicklung auf dem Regionaljetmarkt, und das merkt jeder Passagier positiv. Und auch die Airlines. Denn anders als etwa die A318, Boeing 737-600 oder CRJ-700, alle in gleicher Größenklasse, schleppt sie nicht Extragewicht mit sich herum, das immer entsteht, wenn bestehende Modelle geschrumpft oder verlängert werden, die für eigentlich für andere Kapazität optimiert sind.

Was ich noch erzählen wollte:

Die besondere Fähigkeit der E-Jets sind Kurzstarts und -landungen. Auch das geht auf Crossair zurück, die damit nach Lugano, Sion und London City fliegen wollte. Gerade für den Londoner Stadtflughafen ist das heute noch sehr relevant, aber auch zum Beispiel für Florenz, wohin Air Dolomiti die E-Jets fliegt. Am 2. September 2021, mitten in der Corona-Pandemie, konnte ich eine der damals seltenen Reisen antreten mit der jüngsten E190 E2, der aktuellen E-Jet Generation mit neuen Triebwerken. Dabei ging es mit Helvetic von Zürich in 1:14 Stunden zur Erstlandung der E2 nach London City, inklusive Steilanflug: Statt mit den üblichen 3° im Winkel von 5,5° setzen die Flugzeuge hier fast doppelt so steil zur Landung an.

Fun Fact:

Keiner kann so gut feiern wie die Brasilianer, das kann sich jeder vorstellen. Das trifft im Kleinen aber auch zu auf die Auslieferung von Flugzeugen. Wenn eine namhafte Airline den ersten E-Jet bekommt und Medien und Ehrengäste einfliegt, lassen sich die Brasilianer nicht lumpen. Livemusik und Caipirinhas auch im Werk gehören dazu, wo andere Hersteller auf ihrem Gelände auch bei Kundenfeiern streng auf Alkoholverbot bestehen.

Karte 5 B

Airbus A220: Newcomer aus Kanada

Der modernste Zweistrahler der Welt, gestartet als Bombardier C-Serie, wurde zur A220. Ich habe die anfangs holprige Geschichte des eleganten Jets begleitet.

Warum ich die A220 ins Quartett aufnehme:

Mut muss belohnt werden, und allem Neuanfang wohnt ein Zauber inne. Damit ist eigentlich schon alles gesagt. Das klingt nach Allgemeinplätzen, stimmt aber in diesem Fall nicht. Denn Boeing (seit der ersten 737 im Jahr 1967) und Airbus (seit der ersten A320 genau 20 Jahre später) haben seit gefühlter Ewigkeit im Single Aisle-Markt jeden Neuanfang vermissen lassen. Sie setzen immer nur auf veränderte Iterationen ihrer alten Bestseller, im Falle von Boeing seit bald sechs Jahrzehnten. Bombardier aus Québec in Kanada, mit ihrer erfolgreichen Canadair Regional Jet (CRJ)-Familie seit 1991 zum zeitweise drittgrößten zivilen Flugzeughersteller der Welt geworden, wollte das Duopol brechen. Mit Entwicklung und Vertrieb der innovativsten Zweistrahler übernahmen sich die Kanadier allerdings. Für den damaligen Airbus-Chef Tom Enders wurde die Übernahme des Programms 2017 für einen symbolischen kanadischen Dollar zum besten Deal seiner Karriere. Fast ohne eigene Anstrengung konnten die Europäer ihr Portfolio nun um ein hochmodernes Flugzeug erweitern und dabei noch einen lästigen Konkurrenten schlucken.

↑ In den Landesfarben ihrer Heimat Lettland hat Air Baltic diese A220 lackiert. (Air Baltic/Martin Konecny)

Mein erster Flug mit der A220:

Kein anderer Passagier ist vor mir mit der damaligen C-Serie geflogen. Klingt toll, oder? Am 3. Juni 2016 hatte ich das Vergnügen, nach der IATA-Generalversammlung in Dublin zusammen mit fast allen Chefs der in der Star Alliance versammelten Airlines aus der irischen Hauptstadt in der CS100 nach Zürich zu fliegen. Es war der allererste Flug des neuen Typs mit Passagieren überhaupt knapp sechs Wochen vor der Indienststellung des ersten CS100-Serienflugzeugs. Wir flogen in der fünften Testmaschine, die mit 118 Sitzen voll bestuhlt war. In Erinnerung geblieben ist mir, wie extrem leise es war an Bord, wie groß die Fenster sind und wie steil der Pilot die gut besetzte Maschine nach dem Start in den Himmel über Dublin zog. Dazu die fulminante Laudatio von Lufthansa-Chef Carsten Spohr, der mit dem Kabinenmikro vorn stand und vor allen Insassen von diesem Flugzeug schwärmte. Vielleicht auch, weil die Lufthansa-Gruppe für Swiss der Erstbesteller gewesen war.

Besondere Flüge mit der A220:

In der Anfangsphase habe ich einige spezielle Flüge mit der damaligen C-Serie gemacht – etwa den allerersten Passagierflug mit der ersten Swiss CS100 am 6. Juli 2016, Chefpilot Peter Koch und seine Crew zeigten uns auf diesem Sonderflug stolz mit ihrem neuesten Jet die Schweizer Bergwelt. Später habe ich ihn mal auf einem regulären Umlauf Zürich-Genf-Heraklion begleitet, er ist extra dicht am Montblanc vorbeigeflogen für mich, der ich vom Jumpseat aus am Cockpitfenster hing. Aber ein Flug sticht wirklich heraus: Der Überführungsflug der ersten CS300, der verlängerten Version vom Werk in Montréal zum Erstbetreiber Air Baltic in Riga. Dafür musste ich sogar vorher im firmeneigenen Trainingszentrum ein Sicherheitstraining absolvieren inklusive Atemmaske und Feuerlöschtraining, weil es eben kein regulärer Flug mit Flugbegleitern war.

Mit dem wie ich aus Hamburg stammenden Air Baltic-Chefpiloten Gerhard Ramcke und seinem Team startete ich am 29. November 2016 in tiefer Nacht um kurz nach vier Uhr morgens Ortszeit in Kanada. Wir flogen in den grandiosen Sonnenaufgang über dem Atlantik hinein. Bei nur 18 Menschen an Bord ein bleibendes Erlebnis, in einem modernen Mittelstrecken-Zweistrahler den Großen Teich zu überqueren. Der Flug ging zunächst nach Stockholm, als wir nach sechs Stunden und 40 Minuten dort landeten, war es schon wieder dunkel. Da die CS300 damals noch keine ETOPS-Zulassung hatte, mussten wir ein wenig Umweg fliegen. Jedenfalls wäre die heutige A220 durchaus Nordatlantik-tauglich, Planspiele für Premiumdienste gab es bereits.

Was mir aufgefallen ist:

Wenn es einen Mann gibt, der an die damalige C-Serie geglaubt hat, als es noch niemand anders tat, ist es Martin Gauss, der deutsche Chef von Air Baltic. Schon 2012 zeichnete Air Baltic die ersten zehn Optionen für die

↓ Nächtlicher Transatlantikflug von Montréal nach Stockholm 2016 mit der ersten A220-300 für Air Baltic. (Spaeth)

CS300, als dritte Airline weltweit nach den Giganten Lufthansa (2008) und Korean Air (2011). Auch als die C-Serie zeitweise auf der Kippe stand, hielt Gauss stets zu ihr. Anders als bei den Giganten ist die gesamte Strategie von Air Baltic auf den Zweistrahler ausgerichtet. Die Airline aus Riga betreibt heute ausschließlich A220-300, derzeit 46, insgesamt 80 hat sie bestellt. Als ab 2016 die ersten Flugzeuge kamen, dürften die ein super Schnäppchen gewesen sein, denn Gauss ist ein gewiefter Taktiker und konnte den Flieger, an den zwischendrin schon niemand mehr glaubte, extrem günstig einkaufen.

Ich habe Martin Gauss oft in seinem Büro in Riga besucht, dort stehen seit langem auf einem Regal fein säuberlich aufgereiht 80 kleine A220-Modelle in Air Baltic-Farben. Das zeigt sehr eindrucksvoll, wie die vormals kleine Gesellschaft durch die A220 zum Big Player geworden ist. Ihr Chef sonnt sich gern im heutigen Glanz dieses Flugzeugs – und ist der beste Verkäufer, den sich Airbus wünschen kann. Kaum eine Airshow auf dem Globus, wo Martin Gauss nicht andere Airlinechefs von den Vorzügen der A220 zu überzeugen sucht. Der CEO aus Riga scheut sich auch nicht, auf Demonstrationstourneen bis nach Vanuatu in der Südsee zu fliegen, um die A220 noch im letzten Winkel des Globus anzupreisen. „Wenn davon mehr verkauft werden, steigt der Wert unserer Flotte", gab er mir als Begründung für sein ungewöhnliches Engagement.

Was ich noch erzählen wollte:

Als Airbus die C-Serie übernommen hatte, ging das Rätselraten los, wie denn das Flugzeug künftig heißen würde. Weil der Typ ja schon bekannt war, hielt es das Airbus-Marketing für eine gute Idee, alle auf die Folter zu spannen, denn die neue Bezeichnung war die einzig noch spannende Frage. A360 vielleicht? Oder A200?

Die Medien wurden am 17. Juni 2018 nach Toulouse eingeflogen, wo das Findelkind als neues Mitglied der Airbus-Familie präsentiert werden sollte. Vorher hatte man bei Airbus immer sehr auf dem hohen Ross gesessen. Airbus-Verkaufschef John Leahy nannte die C-Serie zuvor „das niedliche kleine Flugzeug", das sollte Ironie sein und den Rivalen abqualifizieren, der Airbus nun plötzlich in den Schoß gefallen war.

Wir standen also alle am Pistenrand auf dem Airbus-Gelände und warteten auf eine himmlische Erscheinung, die das Geheimnis lüften sollte. Und dann kam sie, machte ein paar Überflüge und ein paar Kurven, damit alle gut sehen konnten, was unter der neuen Airbus-Lackierung stand: Airbus A220-300. Dann landete die Maschine und wurde mit großem Bahnhof neben einer Bühne empfangen, inzwischen waren A220-Fähnchen verteilt worden. In diesem Moment war die Verpackung, das Branding, wichtiger als der Inhalt. Ich empfand es beinahe als Genugtuung, dass das Flugzeug als Zeichen seiner Herkunft ein kanadisches Kennzeichen samt kanadischer Flagge trug.

Fun Fact:

Kanada muss man einfach mögen, zumindest geht es mir so und vielen, die ich kenne. Die C-Serie wurde von Bombardier Aviation entwickelt, genau wie vorher die Canadair Regional Jets, doch nach dem Verkauf der C-Serie hat sich Bombardier bald völlig aus dem Bau von Flugzeugen für den Airlinebetrieb verabschiedet und konzentriert sich auf Businessjets. Aber der Mischkonzern Bombardier bleibt eine faszinierende Firma, die für mich ähnlich typisch für Kanada ist wie Ahornsirup. Angefangen hat Bombardier mit Schneemobilen, dafür ist die Firma berühmt. Um die ihre reiche Historie mit faszinierenden Ausstellungsstücken auch aus der Luftfahrt und zur C-Serie geht es in einem sehr sehenswerten Museum in der Nähe von Montréal, es heißt Museum of Ingenuity J. Armand Bombardier.

Karte 5 C

Bombardier CRJs: Trendsetter einer neuen Jet-Kategorie

50sitzige Jets? So etwas hatte man Anfang der Neunziger noch nie gesehen. Bombardier wagte den Schritt, und ich durfte ganz früh dabei sein.

Warum ich die CRJs ins Quartett aufnehme:

Als ich anfing als Luftfahrtjournalist in den späten Achtzigern waren Jets immer groß, ihre Kapazität ging erst bei mindestens 80 oder 90 Sitzen los. Alles was kleiner war, wurde von Propellern angetrieben. Umso erstaunlicher die Nachricht, die 1990 die Runde machte: Lufthansa City Line hatte bei Bombardier in Kanada einen 50sitzigen Passagierjet mit Namen Canadair Regional Jet bestellt. Das versprach eine kleine Revolution, denn damals galten Propellerflugzeuge als alt, laut und überholt. Und im Westen gab es keinen anderen Jet in vergleichbar geringer Größe (im Osten schon – die Yak-40 in der Sowjetunion). Schon im Dezember 1991 durfte ich in Montréal bei eisigen Temperaturen die erste vor die Halle gerollte CRJ100 in den neuen Farben des Erstkunden City Line bewundern und war danach öfter bei Bombardier. In erstaunlicher Geschwindigkeit erlangte die Idee des Regional Jets, einer damals völlig neue Jet-Kategorie, ziemliche Popularität. Vor allem in Nordamerika, wo sie sich als ideal erwiesen, um Zubringerstrecken zu großen Hubs zu fliegen, die zwar nur ein begrenztes Passagieraufkommen hatten, aber doch oft zu lang waren für die bequeme Bedienung mit Turboprops. Die kleinen Jets bewältigten dagegen mühelos Strecken, die dreimal länger waren, als die von Propellermaschinen bedienten. Insgesamt gingen drei Viertel aller ausgelieferten CRJs an nordamerikanische Airlines. Bis Ende 1996, als Embraer die ERJ145 herausbrachte, hatte Bombardier den neuen Markt für sich allein. Innerhalb weniger Jahre entstand dann aus den Anfängen mit der CRJ100/200 eine immer weiter gestreckte Flugzeugfamilie mit insgesamt vier verschiedenen Ableitungen, die größte Variante CRJ-1000 war 50 % länger als das Basismodell CRJ100/200.

↑ Eine der wenigen noch fliegenden CRJ-200 bei der Landung in Hamburg 2021. (Dirk Grothe)

Meine ersten Flüge mit den CRJs:

Meine CRJ-Premiere erlebte ich am 29. Oktober 1993 in der D-ACLF der Lufthansa City Line auf dem Weg von Hamburg nach Wien in einer Stunde, 50 Minuten. Was mir damals schon auffiel: Um aus dem Fenster zu schauen, musste man sich als größerer Mensch mit Schulter und Kopf ziemlich verbiegen, denn die lagen erstaunlich tief. Auch meine anderen Erstflüge verdanke ich der City Line: Am 4. September 2002 führte meine erste Erfahrung in der CRJ700 in der D-ACPJ von Hamburg nach Stockholm in 1:10 Stunden, im Juli 2006 durfte ich die Premiere der CRJ900 auf einem Sonderflug der D-ACKA von Köln/Bonn nach Westerland auf Sylt erleben, inklusive Lunch in der Sansibar.

Besondere Flüge mit den CRJs:

Regionalflüge haben meist wenig Glamour. Ein besonderes Erlebnis war ein Demonstrationsflug, eine Art vorgezogene Ablieferung. Am 13. Juni 1995 ging es abends direkt von der Pariser Luftfahrtschau in Le Bourget mit dem werksneuen CRJ200 F-GRJA der französischen Regionalgesellschaft Brit Air in 50 Minuten in die Bretagne zu deren Heimatflughafen Morlaix. Nach einer feuchtfröhlichen Hangarfeier mit Schampus, Austern, Reden und Musik transportierte uns der fliegende Ehrengast rechtzeitig vor dem nächsten Messetag wieder an die Seine zurück. Ein Ausflug mit Stil.

Was mir aufgefallen ist:

In den Basistypen CRJ100/200 zu fliegen hieß zumindest für größere Menschen wie mich, den Kopf einzuziehen in der Kabin – gerade mal 1,83 Meter betrug die Stehhöhe. Jemand, der wie ich auf Fensterplätze schwört, hatte trotzdem ganz schöne Verrenkungen nach schräg unten zu machen, um rauszuschauen, so tief und oft nicht direkt am Sitz waren die Fenster der Regional Jets angebracht. Interessanterweise hat Bombardier im Laufe der Evolution die Kabinen und die gesamte Flugzeugstruktur ziemlich radikal überarbeitet, die letzten Serienmaschinen hatten außer Cockpit, Type Rating der Piloten und grober Auslegung wenig mit den Anfangsexemplaren gemeinsam. Schon bei der erst um sechs, dann um zehn Meter verlängerten CRJ700 wurde der Kabinenboden abgesenkt und so die Stehhöhe auf 1,89 Meter erhöht. Fast als hätten die Designer meine Maße (1,88 Meter) als Maßstab genommen. Doch die extremen Streckungen des Ausgangsmodells, die CRJ1000 ist fast 13 Meter länger als die CRJ100/200, führte schon ab der CRJ-900 zum unangenehmen Röhrengefühl an Bord. Auch hier sorgten die Ingenieure in der jetzt fast 24 Meter langen Kabine für Abhilfe: Sie vergrößerten die Fenster um 5 Zentimeter und schafften mit LED-Beleuchtung und voluminöseren Gepäckstaufächern das Raumgefühl größerer Jets. Mit Erfolg – die CRJ900 wurde mit 499 Exemplare zur meistverkauften CRJ-Version.

Was ich noch erzählen wollte:

Der CRJ ist ein Paradebeispiel für die Adaptionsfähigkeit eines Grundentwurfs. Anfangs hatte Bombardier den von Canadair übernommenen erfolgreichen Challenger-Business Jet als Ausgangspunkt für die Weiterentwicklung zum 50sitzigen Regional Jet genutzt. Der vorhandene Rumpfquerschnitt wurde gestreckt, mit neuem Cockpit, neuen Tragflächen und stärkeren Triebwerken versehen, fertig war der Mini-Airliner. Der Ursprung als Business Jet war auch der Grund für die nicht perfekten Kabinendimensionen der ersten kommerziellen Versionen.

Fun Fact:

Meinen kürzesten und billigsten CRJ-Linienflug konnte ich 2005 mit Lufthansa City Line buchen: Den Rückflug von Westerland nach Hamburg nach einem Sommerwochenende auf Sylt. Es war billiger als so manche Zugfahrkarte – die Bahn wäre sonst mein Transportmittel gewesen. Für nur 50 Euro konnte ich so aber schon in 28 Minuten nach Hause gelangen, in einem fast leeren Flugzeug. Kein Wunder, dass sowohl mangelnde Nachhaltigkeit und fehlende Wirtschaftlichkeit diesen Hüpfer im Flugplan bald wieder beendeten.

Karte 5 D

BAe 146/Avro RJ: Der Pocket-Jumbo von der Insel

Der vierstrahlige Regionaljet ist ein Unikum mit besonderen Kurzstarteigenschaften, die mir schon sehr nützlich wurden.

Warum ich die BAe 146 ins Quartett aufnehme:

Die BAe 146, ab 1993 Avro RJ genannt, ist ein Unikum in der Luftfahrt. Bei Vierstrahlern denkt man automatisch an die Giganten ihrer Zeit – Boeing 707/DC-8 als erste Jetliner der 1960er Jahre, die Boeing 747 ab 1970 oder die A380 ab 2007. Aber schon 1983 kam der einzige Regionaljet auf den Markt, der je über vier Triebwerke verfügte. Damit war das Flugzeug übermotorisiert, aber perfekt für seine Aufgaben geeignet – steile Anflüge vor allem auf Stadtflughäfen mit kurzen Pisten wie London-City und Berlin-Tempelhof. Gleichzeitig waren die Vierstrahler besonders leise, besaßen gute Langsamflug-Eigenschaften (und waren daher auch als Löschflugzeuge geeignet) und wiesen einen breiteren Rumpf auf als die später aufkommenden kanadischen und brasilianischen Regionaljets. Durch ihre ungewöhnliche Kombination an Eigenschaften wurde die BAe 146/Avro RJ für höchst unterschiedliche Spezialaufgaben eingesetzt: Von Passagierverbindungen auf unbefestigte Pisten in der Antarktis bis hin zu den Flügen des britischen Königshauses, für die die *Queen's Flight*-Abteilung der Royal Air Force zwei BAe 146 betrieb. Niemand hat für dieses Flugzeug einen charmanteren Namen gefunden als die damalige Crossair aus der Schweiz, die nicht weniger als 25 davon betrieb – und sie „Jumbolino" taufte.

↑ Die britische Debonair war 1997 der erste Billigflieger, der Flüge ab Deutschland anbot. (Spaeth)

Mein erster Flug mit der BAe 146:

In meinem Logbuch findet sich der erste Flug mit der BAe 146 ziemlich spät – erst fast zwei Jahre nach meinem ersten Concorde-Flug saß ich erstmals an Bord des britischen Vierstrahlers. Am 12. November 1994 führte mich der Flug in der BAe 146-200 der Regionalgesellschaft Air UK von München nach London-Stansted. Mir ist heute noch das typisch pfeifende Geräusch beim Ausfahren der Landeklappen im Gedächtnis. Und dass ich selbst von meinem Fensterplatz aus (wie von vielen Fensterplätzen in der BAe 146) wenig sehen konnte, denn da hängen schlicht die Triebwerke davor und versperren den Ausblick.

Besondere Flüge mit der BAe146:

Flüge in der BAe 146 gehören für mich meist zu den weniger komfortablen Erinnerungen, was zum einen an der vorherrschenden Bestuhlung lag (siehe unten) sowie an der mangelnden Aussicht nach draußen selbst am Fenster (siehe oben). Ich bin erstaunt, was ich in meiner Sicherheitskartensammlung an exotischen Betreibern der BAe 146 finde, mit etlichen davon bin ich selbst geflogen. Einem der Flüge verdanke ich eine besondere Verbindung zu diesem Flugzeug. Es war am 31. Juli 1997, und ich saß an der Südspitze Grönlands in Narsarsuaq, einer Siedlung von gut hundert Einwohnern rund um den Flughafen aus dem Zweiten Weltkrieg.

Es war ein nebliger Tag mit dichter „Suppe", alle geplanten Flüge innerhalb Grönlands fielen aus. Ich hatte das Glück, das mein Flug an diesem Tag durch Atlantic Airways von den Färöer-Inseln betrieben wurde, wo über 300 Tage im Jahr Nebel herrscht. 20 Jahre später hatte ich noch einen denkwürdigen Flug mit dem Vierstrahler – am 15. August 2017 verabschiedete sich Swiss von ihrer letzten (von Crossair übernommenen) Avro. Aus diesem Anlass war ich zu einem fulminanten Abschiedsflug eingeladen, von Zürich einmal ums Matterhorn und wieder zurück. Vierstrahlig die Hochalpen von oben zu sehen war ein Hochgenuss.

Was mir aufgefallen ist:

Die BAe 146/Avro RJ hatte das Zeug dazu, bei Passagieren beliebt zu sein. Sie war breiter und geräumiger als andere Regionaljets, es gab richtige Gepäckablagen über den Sitzen. Leider nutzten das viele Betreiber bald aus, indem sie auf dafür eigentlich nicht ausreichendem Raum trotzdem sechs Sitze in jede Reihe quetschten. Wenn allerdings Gesellschaften wie Lufthansa City Line (zumindest anfangs) oder Crossair die eigentlich vorgesehene 2+3-Bestuhlung pro Reihe anboten, war das eine ganz andere und ein solcher Flug eine feine Sache.

Was ich noch erzählen wollte:

Wer war der erste von Deutschland aus startende Billigflieger? Es war die britische Debonair, wegen mancher Unzulänglichkeit hierzulande gelegentlich als „Deppenair" gescholten. Sie startete ab 1997 unter anderem ab Mönchengladbach, das dafür den irreführenden Beinamen „Düsseldorf Express" verpasst bekommen hatte. Und Debonair flog mit BAe 146, ich testete das erstmals am 17. Oktober 1997 von Mönchengladbach via München nach Barcelona. Mit meinem mitgebrachten Käsebrötchen an Bord kam ich mir damals fast revolutionär vor – lang ists her. Und die BAe war auch das Rückgrat der 2000 gestarteten KLM-Billigtochter Buzz, die zehn davon in knallgelb bemalt durch Europa flog.

Fun Fact:

Eines der faszinierendsten Teile einer BAe 146 finde ich deren am Heck ausklappbare Luftbremsen, die wirken wie ein entfalteter Insektenflügel. Wer mal aus der Nähe eine BAe 146 hat landen sehen, konnte diese beiden Klappen unter dem Leitwerk vermutlich beobachten. Bei dem britischen Vierstrahler waren sie vor allem wichtig auf kurzen Pisten, denn seine Triebwerke verfügten nicht über eine Schubumkehr. Ansonsten haben nur die ebenfalls mit einem T-Leitwerk ausgestatteten Fokker-Jets Fokker F 28, Fokker 70 und Fokker 100 ähnliche Luftbremsen.

Karte 6 A

DC-10/MD-11: Der andere Jumbo

Das zweite Großraumflugzeug der Jumbo-Ära mit Heck-Triebwerk als Hingucker. Ich flog 1990 zum ersten Mal darin und ab 1991 mit der verbesserten MD-11.

Warum ich die DC-10/MD-11 ins Quartett aufnehme:

Die DC-10 war ein wichtiger Meilenstein der frühen Ära damals völlig neuer Großraumflugzeuge. Sie entstand im gleichen Kontext wie die Boeing 747 – aus der Verwertung von Konzepten, die die Hersteller gemacht hatten im Wettbewerb der US Air Force um ein großes Transportflugzeug, den Boeing und McDonnell Douglas an Lockheed verloren. Ich fand die DC-10 wegen ihres robusten Aussehens immer schon faszinierend. Die in den achtziger Jahren modernisierte, größere und effizientere MD-11 trug das Konzept bis über die Jahrtausendgrenze.

Mein erster Flug mit der DC-10/MD-11:

Es dauerte relativ lange, bis ich endlich selbst das erste Mal mit dem Dreistrahler fliegen konnte, und es hätte klassischer kaum sein können: Ich flog mit einer DC-10-10, der frühen US-Inlandsversion mit American Airlines, deren Erstauftrag 1968 für ein Flugzeug mit Kapazität zwischen der Boeing 707 und der 747 das DC-10-Programm startete. In so einer ganz frühen DC-10 (Fertigungsnummer 20) gebaut 1971, saß ich am 26. März 1990 auf dem Weg von Dallas/Fort Worth nach Phoenix, ein Zweistundenflug. Mein erster Flug mit der MD-11 fand ungewollt statt: Durch starken Schneefall auf der langen Busfahrt zum weit außerhalb gelegenen damaligen Flughafen Montréal-Mirabel verpasste ich meinen Lufthansa-Flug und wurde dann unbürokratisch von der Swissair mit ihrer MD-11 HB-IWH mitgenommen. Die brachte mich am 7. Dezember 1991 nach Zürich in 6:42 Stunden in der vorletzten Reihe der Economy, die ich am Fenster für mich hatte.

Besondere Flüge mit der DC-10/MD-11:

Ein Flug war besonders deswegen, weil sich endlich mein lange unerreichtes Ziel erfüll-

↑ MD-11-Frachter von Lufthansa Cargo im Anflug auf Frankfurt. (Sebastian Thoma)

te, mit der Lufthansa in Business Class Langstrecke zu fliegen. Das war am 23. April 1991 in der Lufthansa DC-10 D-ADMO von New York nach Frankfurt. Zwei denkwürdige Reisen mit insgesamt vier DC-10-Flügen machte ich 2003/2004, als der Dreistrahler fast schon Museumsreife hatte. Beide führten nach Ghana mit deren damals nationaler Fluggesellschaft Ghana Airways. Einmal von London, um den Start dieser afrikanischen Gesellschaft ab meinem Heimatflughafen Hamburg 2004 vorzubereiten, nachdem sie schon lange Düsseldorf bedient hatte. Ghana Airways hatte keinen guten Ruf unter Reisenden, weil sie oft viele Stunden verspätet war und als unzuverlässig galt. Wir hatten Glück, unsere Flüge in alten KLM-DC-10 liefen in etwa wie geplant. Mit der MD-11 bescherte mir Swissair besondere Flüge, als ich im April 2000 Zürich-Peking-Schanghai hin und zurückfliegen durfte. Alles in First Class, die damals neu und mit Riesensesseln einer Schweizer Designern der letzte Schrei war, ich sollte sie testen. Mit KLM habe ich am 11. November 2014 einen sehr emotionalen Abschiedsflug mit der MD-11 von Amsterdam nach Amsterdam gemacht in 54 Minuten – am Ende durften wir die Klappen der Gepäckfächer in der Kabine mit Abschiedswünschen beschriften.

Was mir aufgefallen ist:

Kein Flugzeug hatte bis zur Boeing 737 MAX ein derart schlechtes Image beim Publikum wie die DC-10. Sogar in meiner ersten Schülerzeitung fand sie sich in den späten Siebzigern auf der Humorseite wieder in der Persiflage eines Kinoprogramms. Nicht von mir geschrieben, sondern von völlig Luftfahrtunkundigen Mitschreibern. „Angst über der Stadt: Unser Reporter auf Rundflug mit der DC-10", hieß es da. Und ja, es gab damals scheinbar eine Menge Unfälle mit dem Dreistrahler, beim Schlimmsten von Turkish Airlines in Paris 1974 erinnere ich mich an die fette Schlagzeile „346 Tote!", unvorstellbar damals, wo ja Großraumflugzeug erst kurz im Einsatz waren. In den Jahren 1979 und 1989 verunglückten jeweils drei DC-10, 1979 wurden alle zeitweise von der FAA mit Flugverbot belegt (auch eine Parallele zur MAX), allerdings war das Baumuster DC-10 und ihre Konstruktion nach 1974 nie mehr schuld an den Unfällen. Sie war gemessen an Flugleistung und Opfern sogar ein ziemlich sicheres Flugzeug, Piloten flogen sie gern.

Was ich noch erzählen wollte:

In Deutschland flog die DC-10 bei Lufthansa von 1973 bis 1989, insgesamt 13 davon, kurzzeitig sogar als Combi, wo spezielle Frachtcontainer durch die hintere linke Einstiegstür ins Hauptdeck geladen wurden. Fünf ehemalige Lufthansa-DC-10 gingen dann 1989 an ihre frühere Ferientochter Condor. Ich war sie dort nie geflogen – bis zum Abschiedsflug am 1. Oktober 1999. Eine wunderbare Tagestour mit der D-ADSO von Frankfurt nach Palma de Mallorca mit speziellen „Bye bye DC-10" Headrest-Covern auf den Sitzen, eins davon habe ich heute noch. Was ich am aufregendsten fand: Ich durfte während des Fluges in die Unterdeck-Galley, sah zum ersten und letzten Mal den dort installierten Fahrstuhl für die Servierwagen.

Fun Fact:

Eine der faszinierendsten Einrichtungen an der DC-10 und MD-11 waren ihre Türen, so was habe ich weder vorher noch nachher je wieder bei einem Airliner gesehen: Sie wurden nicht nach außen aufgeklappt, wie sonst mit allen Gefahren, die dabei während windiger Wetterlagen entstehen, gar nicht zu reden vom Kraftaufwand für die Kabinencrew. Nein, diese Flugzeuge machten es viel eleganter: Hier wurden die Türen zum Öffnen mit einem kraftvollen Surren elektrisch unter die Kabinendecke eingezogen – das fand ich ähnlich stylish wie Flügeltüren bei Luxus-Sportwagen.

Karte 6 B

Lockheed TriStar: Der „flüsternde“ Riese

Lockheed als Hersteller ist heute vergessen, aber seit den Siebzigern war ihr dreistrahliger TriStar-Riese eine Verheißung. Auch für mich.

Warum ich die TriStar ins Quartett aufnehme:

Die Lockheed TriStar war das modernste und innovativste Großraumflugzeug der frühen Widebody-Ära. Und die Liste der Neuheiten an Bord lang – und vor allem im Cockpit, dem geräumigsten aller Großraumflugzeuge, wegweisend: Ein modernes Fly-by-Wire-System mit weitreichender Automatisierung sorgte dafür, dass sich das Riesenflugzeug in Routinesituationen fast ohne Eingreifen der Piloten fliegen ließ. Als einziger Widebody war die TriStar für CAT-IIIb-Landungen zugelassen, konnte also bei fast Nullsicht automatisch auch dann noch ihr Ziel erreichen, wenn andere Typen bereits umgeleitet werden mussten. Während die TriStar zunächst mit ihren Mittelstreckenvarianten auf dem US-Markt punkten konnte, litt ihr kommerzieller Erfolg darunter, dass sie erst ein Jahr nach der DC-10 als zweiter Trijet auf dem Markt war. Auch wenn die TriStar nie Geld verdiente, da Lockheed mit 250 verkauften Exemplare nur halb so viele verkaufen konnte wie nötig, so ist sie doch ein bis heute für ihre Zeit wegweisendes Flugzeug für Piloten und Passagiere.

Mein erster Flug mit der TriStar:

Stilecht fand mein erster Flug mit der L1011 bei ihrem größten Betreiber Delta Air Lines statt, der im Laufe der Zeit insgesamt 70 TriStars aller Varianten in der Flotte hatte. Während einer ausgedehnten USA-Reise flog ich am 4. Oktober 1987 mit einer Delta-TriStar von Atlanta, ihrem Hub, in 1:34 Stunden nach Newark bei New York. „Endlich Großraumkomfort“ steht dazu in meinem Logbuch – nachdem ich vorher auf dieser Reise stets nur in engen Narrowbodies unterwegs gewesen war. Selbst in der Economy Class mit Zehnerreihen war das Raumgefühl durch die hohe Kabinendecke deutlich spürbar.

Besondere Flüge mit den TriStar:

Besonders waren fast alle meine wenigen Flüge mit der TriStar. Vor meinem Studienbeginn nutzte ich ein Last-Minute-Angebot und flog am 8. August 1988 (ja tatsächlich der 8.8.88) mit der LTU in ihrer Langstrecken-

↑ LTU-TriStar beim Start in München-Riem 1989. (Spaeth)

variante L1011-500 von Düsseldorf nach Los Angeles. Allerdings war es an diesem Sommertag auf dem Rhein/Ruhr-Flughafen so heiß, dass wir bei der verfügbaren Pistenlänge nicht volltanken konnten. Daher mussten wir nach acht Stunden und acht Minuten (die acht verfolgte mich an diesem Tag) im kanadischen Edmonton einen Tankstopp einlegen, der mir allerdings einen Besuch im Cockpit bei den sehr netten Piloten erlaubte. Dann ging es in noch mal 2:43 Stunden endlich nach Los Angeles. Bei der karibischen British West Indian Airlines (BWIA) war die TriStar sogar auf Kurzstrecken zwischen den Hauptinseln der Karibik im Einsatz. Dort flog ebenfalls die Langstreckenversion, allerdings mit eigens für BWIA vergrößertem Seitenruder, das kürzere Landungen auf Inselpisten ermöglichte. Ich war am 24.Februar 1997 von Port of Spain auf Trinidad mit der BWIA-L1011-500 in 40 Minuten nach Barbados unterwegs und immer noch von der fast Kathedralen-artig hohen Kabine fasziniert.

Was mir aufgefallen ist:

Die TriStar bot Passagieren für diese Ära ungewöhnliche Innovationen: Die Toiletten für die Economy lagen halbkreisförmig angeordnet ganz hinten vor dem riesigen Druckschott. Direkt darüber befand sich in der Leitwerkswurzel der riesige S-förmige Lufteinlauf für das dahinter angebrachte Triebwerk Nummer zwei. Der Sound auf dem WC war daher besonders, eine Mischung aus Ansauggeräusch und Triebwerkslärm. Still waren die Örtchen also nicht, allerdings galt die L1011 gerade wegen ihres geringen Lärmpegels innen wie außen als „flüsternder Riese".

Was ich noch erzählen wollte:

Neben britischen Betreibern war der deutsche Ferienflieger LTU der größte europäische TriStar-Nutzer, insgesamt 13 Flugzeuge waren zeitweise Teil der Flotte. Der Erstflug mit der LTU-TriStar fand am 14. Juni 1973 nach Ibiza statt. „Die TriStar ist für uns ein Wunderding und ihrer Zeit zehn Jahre voraus", sagte damals der Kapitän. Mit ihren vergleichsweise leisen Rolls-Royce RB-211-Triebwerken der sogenannten Stage 3-Kategorie sollte die TriStar vor allem in der dicht besiedelten Nachbarschaft des Flughafens Düsseldorf punkten. Dabei machte LTU eine simple Rechnung auf: In einen Dreistrahler passten 3,7mal so viele Passagiere wie in eine Caravelle, die bisher das Rückgrat der Flotte bildete. Daraus folgte, dass die Gesellschaft durch den Einsatz der L1011 bei vergleichbarem Passagieraufkommen 62 Flüge täglich streichen konnte. Anfangs waren viele Flughäfen in Feriengebieten noch nicht auf Großraumflugzeuge eingestellt, die D-AERA führte daher nach der Auslieferung als einziger LTU-TriStar im hinteren Frachtraum zunächst ein eingebautes Gepäck-Förderband sowie eine vom Hauptdeck an einer Tür ausklappbare Treppe mit.

Fun Fact:

Drei TriStar konnte LTU 1977 günstig erwerben, die von Pacific Southwest Airlines (PSA) aus Kalifornien bestellt, aber nicht abgenommen wurden. Sie verfügten über ein spezielles Merkmal – eine Passagierlounge im vorderen Frachtraum, sie war an der Stelle, wo sonst eine Bordküche im Unterdeck die Mahlzeiten vorbereitete. Die Lounge war dagegen über eine bei LTU mit einer roten Kordel abgeteilten Treppe vom Hauptdeck aus erreichbar, mit einer ausfahrbaren Treppe zum Vorfeld unterhalb der zweiten Tür auf der linken Seite des Hauptdecks. Hier unten richtete die LTU eine „Club Lounge" ein mit 16 Sesseln und Tischen. Für einen Aufpreis von rund 200 Mark auf Langstrecken erhielten die Passagiere Zutritt während des Reiseflugs und einen gehobenen Service mit Drinks und Canapées auf Porzellan. Lange währte der Luxus nicht, schon 1983 wurden bei allen drei TriStars die Lounges wieder ausgebaut.

Karte 6 C

Airbus A340: Vierstrahler mit wenig Schub

Der Airbus-Vierstrahler komplettierte die Flugzeugfamilie nach oben. Ich begleite den Jet seit seinem Roll-out 1991 und war damit sogar in der Antarktis.

Warum ich die A340 ins Quartett aufnehme:

Für Airbus und seine Evolution war die vierstrahlige A340, der Einstieg auch in den Langstreckenmarkt ein wesentlicher Meilenstein, schon lange spukte der Entwurf namens „TA11" in Broschüren und Präsentationen. Der Einstieg auch in das Segment der Großraumflugzeuge ebnete den Weg zur späteren Dominanz von Airbus, wie wir sie heute erleben.

Mein erster Flug mit der A340:

Meine ersten Flüge mit der A340 fanden im zweiten überhaupt gebauten Exemplar statt, der damals F-WWBE registrierten A340-200, die später bei Lufthansa flog. Im Spätherbst 1992 lief das sogenannte Route Proving, Erprobungsflüge im Rahmen der Zulassung unter Praxisbedingungen mit geladenen Gästen als Passagieren. Am 19. November 1992 ging es von München nach Istanbul und zurück, in mein Logbuch schrieb ich: „Schönes geräumiges Flugzeug", in der Kabine standen neben Sitzen auch noch Wasser-Ballasttanks und Teststände. So war ich kurz darauf mit der gleichen A340 am 7. Dezember 1992 „nur" noch mal auf einem Testflug von Frankfurt nach Stockholm nach München nach Frankfurt. Das spannende daran: Ich durfte bei Start und Landung im Cockpit sitzen, und zwar nicht auf dem Jumpseat, der war belegt, sondern auf einer Kiste hinter dem Kapitänssitz, völlig ohne Anschnallgurte. Fand ich ziemlich abgefahren. So was dürfte in einer A340 später eher selten vorgekommen sein.

Besondere Flüge mit der A340:

2004 durfte ich mich einem der bis heute anstrengendsten Flüge meines Lebens unterziehen: Dem damals neuesten längsten Linienflug der Welt, von Newark bei New York nach Singapur, damals bedient von Singapore Airlines mit der speziell für Ultralangstrecken gebauten A340-500, der seltensten Variante. Der Flug war bis heute unfassbare 18 Stunden

↑ Der Airbus A340-500 als Ultra-Langstreckenversion ist eine Rarität. Hier 2020 als thailändisches Regierungsflugzeug. (Dirk Grothe)

und elf Minuten in der Luft. Wir flogen in bequemem Business-Betten, aber die Zeit wurde einem trotzdem sehr lang, da bot auch die hinten links am Fenster eingebaute, aber wenig inspirierende kleine Bar keine große Abhilfe. Man kommt trotzdem irgendwann an und weiß nicht mehr, wo oben und unten ist, weder wo man herkommt noch wo man hinwill. „Lost in Aviation" hat ein Kollege treffend seinen Artikel dazu überschrieben. Genauso kamen wir uns vor, die nicht sehr frische Kabinenatmosphäre bescherte einem hinterher noch Kopfschmerzen zum Mega-Jetlag. 2018 habe ich den gleichen Flug in umgekehrter Reihenfolge mit der heute eingesetzten A350-900ULR gemacht – ein Traum im Vergleich. Am 24. Januar 2024 erlebte ich einen sehr speziellen A340-Flug in der A340-300 9H-TQZ von Hifly. In der Kabine des Vorbesitzers Emirates ging es von Kapstadt in 5:17 Stunden auf die Blaueispiste von Wolf's Fang tief im Inland der Antarktis. Ein einmaliges Erlebnis, meine Piloten und der Reiseveranstalter haben einhellig die Qualitäten der alten A340 für genau eine solche Mission gepriesen.

Was mir aufgefallen ist:

Die ursprünglichen A340-200 und -300 hatten mehrere typische Eigenschaften, die weniger schmeichelhaft sind. Schon bei meinem allerersten Flug fiel mir auf, wie seltsam es aussieht, dass das Bugrad kürzer ist als das Hauptfahrwerk (was übrigens über ein ungewöhnliches weiteres Räderpaar unter dem Schwerpunkt zwischen den Tragflächen verfügt). Daher hängen diese Varianten am Boden leicht vornüber, was sie nicht sexier macht. Ich konnte nie einwandfrei klären, warum das so ist, ob es gar wie von manchen Quellen behauptet ein Designfehler war. Das andere typische Merkmal der frühen A340-Versionen kann man nur am Boden stehend am Flughafen beobachten, und ich habe oft darüber gestaunt: Sie sind massiv untermotorisiert und bieten trotz ihrer vier Triebwerke nur sehr bescheidenen Gesamtschub. Was dazu führt, dass sie nach dem Abheben scheinbar kaum steigen. „Die A340 kommt nur dank der Erdkrümmung hoch" ist eine branchenübliche Schmähung. Piloten nennen sie oft auch „Schnecke".

Was ich noch erzählen wollte:

Auf meinem Schreibtisch liegt ein Briefbeschwerer. Ein gefälliges Metallstück, obwohl es leider immer wieder bräunlich anläuft – es ist offensichtlich versilbert. Ja, so was gab es mal als Geschenk bei Airbus. Lang ists her – und das gute Stück wird heute sogar für hundert Euro und mehr bei Devotionalienhändlern angeboten. Eingraviert ist die A340 – und das Datum 4. Oktober 1991. Damals war der feierliche Roll-out in Toulouse. Wir landeten mit einem Sonderflug direkt vor der Halle. Drinnen gab es eine furiose Feier. Donnernd spielte ein Riesenorchester ein Stück aus Carl Orffs „Carmina Burana", junge Menschen in weißen Overalls marschierten mit Fahnen ein, eine deutsche Sopranistin schmetterte. Fast so schön wie eine Olympia-Eröffnung.

Fun Fact:

Lufthansa hat im Bereich der Kabine gleich hinter den Tragflächen ihrer A340-600 (die längere, kräftigere und attraktivere Version der A340) eine Treppe ins Unterdeck eingebaut, wo ansonsten nur die Luftfracht und das Gepäck reisen. Zwei Saloon-ähnliche Klapptüren sollen Treppenstürze verhindern, unten befinden sich fünf Toiletten, sonst nichts, was zugänglich wäre. Ein ungewöhnliches Feature, was sich andere Airlines verkniffen und stattdessen lieber mehr Fracht beförderten. Das brachte vermutlich mehr Geld als die auf dem Hauptdeck durch die Unterflur-Klos oben gewonnenen Extrasitze. Ich fand es jedenfalls immer cool, mir auf der von einem eleganten bogenförmigen Dach eingefassten Treppe auch nur die Beine auf einem langen Flug zu vertreten.

Karte 6 D

Boeing 727: Dreistrahliger Weltbestseller aus Seattle

Boeings erster Mittelstreckenjet war Jahrzehnte lang das Maß aller Dinge. Ich bin mit der eleganten, robusten Lady oft unterwegs gewesen.

Warum ich die Boeing 727 ins Quartett aufnehme:

Die dreistrahlige Boeing 727 ist der erste klassische Jetliner unterhalb der damals wegweisenden Boeing 707, im Liniendienst schon unterwegs, bevor die DC-9 als Konkurrent kam. Boeings Trijet, der erhebliche Anteile wie etwa Rumpfnase und Rumpfquerschnitt sowie das Cockpit weitgehend von der 707 übernahm, brachte auf vielen Routen für Piloten und Passagiere erstmals das Erlebnis eines Strahlflugzeugs. Durch ihre Agilität, Robustheit und exzellenten Langsamflug-Eigenschaften landete die 727 in Gegenden, wo man sich zuvor den Einsatz von Jets gar nicht vorstellen konnte. Etwa auf unbefestigten Pisten in der kanadischen Arktis oder auf südamerikanischen Gebirgsflugplätzen. Die Boeing 727 war ein großer Wurf im Flugzeugbau und Jahrzehnte lang ein Rückgrat der Weltluftfahrt. Daher nicht umsonst das meistverkaufte Verkehrsflugzeug der Welt, bevor die 737 sie überrundete.

Mein erster Flug mit der Boeing 727:

Berlin war stets ein wichtiger Ort für die Boeing 727. Schon 1964 landete erstmals ein Jet in Tempelhof - eine gerade ausgelieferte 727. Bis zum Ende der deutschen Teilung 1990 war die 727 Jahrzehnte lang das wesentliche Fluggerät zwischen der Bundesrepublik und West-Berlin, allen voran bei Pan Am, aber auch bei Air France. Nicht überraschend fand mein erster Flug in Boeings Dreistrahler im Berlinverkehr statt: Mit 13 Jahren, am 16. März 1980 durfte ich darin in 30 Minuten von Tegel ins heimische Hamburg fliegen, die Sicherheitskarte habe ich heute noch.

Besondere Flüge mit der Boeing 727:

In meinen jungen Jahren waren Flüge in der 727 so normal, dass ich schon die Logbücher durchforsten musste nach solchen, die sich

↑ Diese Boeing 727-21 der Pan Am auf Berlin-Strecken war schon wie hier 1982 eher altes Eisen. (Dirk Grothe)

→ Das Cockpit der Boeing 727-100 war noch mit einem Flugingenieurs-Panel bestückt. (Spaeth)

↓ Boeing 727-200 der bolivianischen LAB 1996 vor dem Vulkan Illimani (6.432 Meter) in La Paz. (Spaeth)

abhoben. Am 11. Dezember 1990 durfte ich zum ersten Mal überhaupt auf dem Jumpseat mitfliegen, weil die Kabine voll war. Ich hatte in Köln, dem damaligen Firmensitz von Lufthansa eine Recherche gemacht und wollte zurück nach München-Riem, meinen Studienort. Weil ich mit Freiticket flog, dachte die Bodenabfertigung, ich sei Kranich-Mitarbeiter und schickte mich auf den Notsitz ins Cockpit, was ich cool fand. Als allerdings der Kapitän herausfand, dass ich gar keinen gelben Firmenausweis besitze, wollte er mich erst rauswerfen, ließ mich dann aber doch vorn mitfliegen. Ich genoss es, in der 727-100 D-ABKI so exklusiv in 45 Minuten an die Isar zu jetten.

Am 20. Oktober 2001 bin ich mit der 1967 gebauten Boeing 727-100 HC-BLF der ecuadorianischen Luftwaffen-Tochter TAME von San Cristóbal auf den Galápagos-Inseln zurück aufs Festland geflogen, erst in 1:25 Stunden nach Guayaquil, dann weiter in 27 Minuten in die Hauptstadt Quito. Der Flug in diesem Veteranen, fast so alt wie ich selbst, war ein Erlebnis, nach der Landung machte ich noch im Cockpit ein Foto mit dem freundlichen Copiloten. Nur drei Monate später, am 28. Januar 2002, fand diese 727 ein tragisches Ende: Durch Pilotenfehler flog sie bei schlechter Sicht in Kolumbien in einen Vulkan, alle 94 Insassen starben.

Was mir aufgefallen ist:

Lufthansa war eine treibende Kraft bei der Entstehung der Boeing 727: Als erste europäische Gesellschaft bestellte sie zwölf 727-100 und gab dadurch zusammen mit United Airlines den Anstoß zur Aufnahme der Produktion. Davon profitierten beide Seiten: Lufthansa konnte mit dem „Europa-Jet" als erste Gesellschaft Komfort und Schnelligkeit des modernsten Jets auch auf den Strecken Europas und des Nahen Ostens bieten. Und für Boeing wurde die 727 zu einem ihrer größten Verkaufsschlager. Am 21. März 1964 landete nach einer Flugzeit von elf Stunden und 16 Minuten die erste Boeing 727 aus Renton bei Seattle kommend in Hamburg, Lufthansa-Pilot und Schriftsteller Rudolf Braunburg nannte sie „das fliegerisch eleganteste und begeisterndste Flugzeug der Lufthansa-Flotte" und geriet ins Schwärmen: „Hier hatte der Pilot noch das Gefühl des unmittelbaren Steuerns. Sie war sensibel und feinfühlig wie ein arabisches Reitpferd, und sie erlaubte Flugmanöver wie kein anderes Flugzeug. Die fantastischen Flugeigenschaften rührten nicht zuletzt von der Triebwerksanordnung her. Der Flügel blieb dadurch aerodynamisch völlig ‚sauber', da die wirbelerzeugenden Flächentriebwerke fehlten. Weil das Flugzeug so ausgezeichnete Gleiteigenschaften besaß, hatte die Piloten oft Mühe, die Fahrt rechtzeitig herauszubekommen." Beliebt war die 727 auch wegen ihrer Geräuscharmut in der Kabine und vor allem im Cockpit, wo die ganz hinten sitzenden Triebwerke überhaupt nicht zu hören waren.

Was ich noch erzählen wollte:

Erst vor kurzem habe ich viel über die Entstehungsgeschichte der 727 erfahren, als ich in Seattle im sagenhaften Boeing-Archiv war. Dort stehen höchst ungewöhnlich anmutende große, handgefertigte Holzmodelle früher 727-Entwürfe aus den späten fünfziger Jahren und frühen Sechzigern im Regal, die zeigen, wie viel die Ingenieure damals an der richtigen Konfiguration getüftelt haben. Archivar Michael Lombardi erzählte mir: „Nachdem man die 707 herausbrachte, sah man die Gelegenheit, daraus eine Flugzeugfamilie zu entwickeln. Im Prinzip wollte Boeing auch kleineren Städten und Flugplätzen eine Anbindung auf 707-Niveau bieten, New York La Guardia diente als Testort dafür. Die Airlines waren dafür sehr empfänglich, aber manche wollten vier Triebwerke, andere einen Zweistrahler, interessanterweise brachte Boeing dann mit der 727 ein dreistrahliges Flugzeug heraus." Einige Ideen muten heute ziemlich krude an – zwei Motoren unter die Flügel gequetscht oder zwei der vier 707-Triebwerke weit vor den Tragflächen installiert. Aber auch die Idee, einen von drei Motoren in der Leitwerkswurzel zu versteckten oder einen eleganten Zweistrahler mit seitlichen Hecktriebwerken neben dem T-Leitwerk zu bauen, gab es damals. Glücklicherweise haben die Designer dann die richtige Formel gefunden.

↑ Frühe Boeing 727 waren laut und schmutzig.
(Archiv Spaeth/Icelandair)

Fun Fact:

Eine Besonderheit der 727, die nur wenige andere Flugzeuge (etwa Caravelle und BAC 1-11) boten, war die zwischen den Triebwerken am Heck ausklappbare Passagiertreppe. Im Gegensatz zu den anderen Typen war diese auch im Flug zu öffnen. Das machte sich 1971 ein Entführer zunutze, der zuvor bei einem Stopp in Seattle 200.000 Dollar Lösegeld und vier Fallschirme verlangt hatte. Nach dem erzwungenen Start in Seattle öffnete er über Oregon die Hecktreppe und entschwand am Fallschirm hängend mit seiner Beute in der Nacht. Sein Verbleib und seine Identität wurden nie geklärt, dafür aber die Hecktüren aller 727 entweder stillgelegt oder im Flug durch Metallbolzen gesichert. Während des Vietnamkriegs nutzte auch die CIA die Hecktreppe der 727, um im Flug Agenten am Fallschirm hinter feindlichen Linien abzusetzen.

Karte 7 A

Boeing 737: Der wandelbare Volkswagen der Lüfte

Der omnipräsente Boeing-Zweistrahler verkörpert die Luftfahrt wie kein anderes Flugzeug. Meine ersten Erlebnisse damit hatte ich in Afrika schon als Schüler.

Warum ich die Boeing 737 ins Quartett aufnehme:

Mehr Omnipräsenz geht nicht, die Boeing 737 ist das am häufigsten gebaute Flugzeug der Welt, und das seit vielen Jahrzehnten. Nach Herstellerangaben befinden sich zu jeder Zeit mehr als 2800 Boeing 737 auf dem Globus in der Luft, alle anderthalb Sekunden startet irgendwo auf der Welt eine 737. Bis heute hat Boeings Bestseller über 30 Milliarden Menschen transportiert, also jeden Erdbewohner rechnerisch viermal geflogen. Tatsächlich entwickelte sich das in Form und Funktion wesentlich auf Lufthansa zurückgehende Muster erst ein Jahrzehnt nach seiner Einführung 1967 mit Beginn der US-Luftverkehrsderegulierung 1978 zum weltweiten Bestseller und avancierte nach dem Ende der 727-Produktion schnell zum meistverkauften Verkehrsflugzeug überhaupt. Bis Anfang 2025 wurden rund 11.930 Flugzeuge aller 737-Baureihen ausgeliefert. Boeing baut die 737 bis heute, aktuell in Form der 737 MAX 7 bis zur MAX 10, für die zum gleichen Zeitpunkt noch 4765 Bestellungen abzuarbeiten waren.

↑ Boeing 737-700 in der farbenfrohen Bemalung der Air Seychelles in der Hauptstadt Mahé. (Spaeth)

Mein erster Flug mit der Boeing 737:

Ich machte mit der 737 schon früh Bekanntschaft, und die erste Begegnung hätte vor allem für einen Zwölfjährigen aus Deutschland nicht exotischer sein können: Es war der Silvestertag 1978 in Tansania, Ostafrika: Mein Vater arbeitete dort kurzzeitig, mit der Familie wollten wir den Jahreswechsel in frischerer Luft als an der feuchtheißen Küste verbringen und flogen deshalb in 39 Minuten von der Metropole Dar-es-Salaam am Indischen Ozean zum Kilimandscharo Airport im Hochland am Fuße des gleichnamigen höchsten Bergs Afrikas. Das Fluggerät war eine für Air Tanzania fliegende 737-200 von Air Madagascar mit offenen Gepäckfächern unter der Kabinendecke, was ich sehr beeindruckend fand.

Besondere Flüge mit der Boeing 737:

Nach einer Woche auf Safari im Hochland ging es zurück von Kilimandscharo nach Dar-es-Salaam, und der Flug am 5. Januar 1979 war ein Höhepunkt meiner damals noch sehr jungen Luftfahrtkarriere: Es ging mit der nagelneuen 5H-ATC, der erst wenige Tage zuvor aus Renton ausgelieferten ersten eigenen 737-200 Combi von Air Tanzania in 48 Minuten wieder an den Ozean. Am meisten beeindruckt hat mich die riesige Giraffe auf dem Leitwerk, und natürlich roch alles innen noch ganz neu.

Am 8. März 1985 erlebte ich in der 737-200 mit dem Kennzeichen N433PE erstmals, was Billigflieger bedeutet. People Express war weltweit die erste große Low-Cost-Airline. Dass man an Bord in engen Sitzen zubrachte und für Getränke zahlen sollte, fand ich superexotisch, aber die 45 Minuten von Washington-Dulles nach Newark waren trotzdem gut zu überstehen.

Den 1. Dezember 1989 werde ich nicht vergessen, damals wurde deutsche Luftfahrtgeschichte geschrieben, drei Wochen nach dem Mauerfall. Die Lufthansa 737-200 D-ABFB absolvierte auch mit mir an Bord den ersten Flug ab München in die DDR, die Strecke nach Leipzig dauerte eine Stunde und zehn Minuten mit Umweg über Prag, weil die innerdeutsche Grenze noch nicht überflogen werden durfte.

Am 17. Juni 2002 bin ich mit der 737-700 BBJ (= Boeing Business Jet) erstmals in einer 737 Langstrecke geflogen: Die schweizerische Privat Air betrieb damals für Lufthansa nach 9/11 bei gesunkener Nachfrage das Flugzeug mit nur 48 Sitzen in einer reinen Business-Class-Bestuhlung. Als Linienflug ging es damit von Düsseldorf nach Newark in 7:49 Stunden, die Reise im Narrowbody über den Atlantik war kommod und ein Vorläufer dessen, was wir heute sehen.

Meine Boeing 737-900-Premiere feierte ich am 25. September 2006 im Cockpit in Südkorea, als ich einen deutschen Piloten begleiten durfte, der mit koreanischen Piloten Sicherheitsstandards trainierte. Wir flogen mit der HL7727 von Korean Air in 43 Minuten vom Stadtflughafen Gimpo in Seoul nach Busan.

Was mir aufgefallen ist:

Das hatte es noch nie gegeben in der Geschichte der Zivilluftfahrt: Dass ein neuer Jet-Typ eines großen US-amerikanischen Herstellers nicht maßgeschneidert und auf speziellen Wunsch einer US-Fluggesellschaft gebaut wurde. Ein Coup, denn nach nicht einmal zehn Jahre nachdem Lufthansa 1955 ihren Flugbetrieb wieder aufgenommen hatte,

← Nachtflug im analogen Cockpit der Boeing 737-200 über den Philippinen. (Dirk Grothe)

sagten die Deutschen dem weltgrößten Flugzeughersteller, wo es langgeht. Am 19. Februar 1965 bestellte Lufthansa als Erstkunde 21 Boeing 737, eine kleine Branchensensation. Boeing hatte 1964 ein kleines Flugzeug mit 55–60 Sitzen vorgesehen, Lufthansa verlangte dagegen einen Jet, der 82 Passagiere bis zu 900 km weit befördern könnte. Dem folgte Boeing und übernahm dafür den gleichen Rumpfquerschnitt der bereits bewährten Muster 707 und 727. „Für ein Kurzstreckenflugzeug ist das ungewöhnlich. Dem Fluggast kann damit der gleiche Komfort geboten werden wie in den Mittel- und Langstreckenflugzeugen", erklärte die Lufthansa. „Wenn der Gast künftig von einer Boeing 707 in eine 727 oder 737 umsteigt, wird er den Eindruck haben, er befände sich noch immer in derselben geräumigen Kabine." Natürlich brächte das auch der Airline Vorteile – dank gleicher Inneneinrichtung reiche ein geringerer Ersatzteilvorrat, Sitze etwa könnten gegeneinander ausgetauscht werden. Noch über ein halbes Jahrhundert später ist die 737 Boeings Cash Cow schlechthin, trotz der jüngsten Krise. Genauso wie die Erfolge der 737 auch auf Lufthansa zurückgehen, war sie allerdings anteilig genauso Patin für die aktuellen Probleme mit der MAX. Wegen des von ihr 1965 durchgesetzten bodennahen Rumpfs und der mit wenig Bodenfreiheit von den Tragflächen hängenden Triebwerke ließen sich in dem alten Konzept die neuesten Turbofans mit großem Durchmesser nicht anbringen.

↑ Boeing 737-200 von Hapag-Lloyd in Hannover 1989. (Dirk Grothe)

Was ich noch erzählen wollte:

Am Anfang wurde die 737-100 belächelt, weil ihre Spannweite genauso groß war wie ihre Länge, sie daher ein gedrungenes, dickliches Aussehen hatte. Über ein halbes Jahrhundert hinweg hat dann das Flugzeug eine erstaunliche Evolution erlebt. Verläuft die Vorderkante des Leitwerks der 737-100 und -200 noch in sanfter Kurvenform von oben nach unten, wird das ab der 737-300 durch einen harten Knick in der Vorderkante abgelöst. Das entspricht aerodynamisch dem längeren Rumpf und der dadurch geringeren nötigen Hebelwirkung des Leitwerks. Charakteristisch war auch der Wandel der Triebwerksgondeln ab der 737-300, die nun nicht mehr wie Zigarren rund unter den Flügeln hingen. Sondern mit größerem Durchmesser davor, aufgrund der geringen Bodenfreiheit mit dem charakteristischen Fischmaul-Lufteinlass. Das größte Phänomen ist die Entwicklung der Rumpflänge – von der pummeligen 737-100 mit gerade mal 29 Meter Länge bis zur MAX 10, die stattliche 44 Meter aufweist.

Fun Fact:

Um die 737 hat sich seit ihren frühen Tagen bei Lufthansa eine ungewöhnliche Vielfalt an Kosenamen entwickelt, meist von Piloten aufgebracht. Vom Marketing anfangs als „Olympia Jet" bezeichnet, vermarktete Lufthansa das Flugzeug dann als „City Jet". Unter Besatzungen dagegen hieß die 737 nur „Bobby", manche behaupten, das sei ein Akronym für BOeingBaBY. Stimmt aber nicht, der Name stammt aus einem 1967 von Lufthansa herausgegebenen Kinderbuch mit dem Titel *„Bobby Boeing spreads his wings"* – Protagonist ist eine kleine, neugeborene 737. Populär als Spitzname für den anfangs pummeligen Zweistrahler war auch „Schweinchen." Alles jedenfalls Zeugnisse von Zuneigung.

Karte 7 B

Airbus A320: Das innovative Volksflugzeug

Atari-Flieger wurde die A320 anfangs genannt, Sidestick statt Steuerknüppel war eine Revolution, die nicht immer glatt lief. Ich flog 1989 zum ersten Mal damit.

Warum ich die A320 ins Quartett aufnehme:

Der Airbus A320 und seine Familienmitglieder sind heute die meistgeflogenen Verkehrsflugzeuge der Welt. In den achtziger Jahren hatte das noch niemand erwartet, die Verkaufsprognosen lagen im besten Falle bei ein paar hundert, vielleicht tausend Flugzeugen. Die A320 hat die Europäer auf die Weltkarte der Flugzeugbauer gebracht, ihnen am Ende sogar die globale Marktführerschaft beschert. Damals nahm international niemand Airbus ernst, schon gar nicht die amerikanischen Platzhirsche, allen voran Boeing. Das rächt sich gerade heute bitterlich, weil Boeing immer noch nichts anderes anzubieten hat als die 1967, also rund 20 Jahre vor der A320, schon geflogene Boeing 737. Die Europäer hingegen haben vor rund 40 Jahren visionär ein modernes und ausbaufähiges Allerweltsflugzeug gebaut, dessen unglaubliche Verkaufszahlen seit Jahrzehnten und (noch für Jahrzehnte mit der modernisierten A320neo) Airbus die Vormachtstellung sichern und das Geld für andere Investitionen einbringen. Die Erfolgsgeschichte der A320 ist auch eine Erfolgsgeschichte der europäischen Kooperation, die in viele andere Bereich abstrahlt.

Mein erster Flug mit der A320:

Gut ein Jahr nachdem Air France im Frühjahr 1988 als erste Airline die A320 in Dienst gestellt hatte, absolvierte ich meinen ersten Flug in diesem neuen Typ. Im damaligen Kontext war das ein echter Quantensprung – üblicherweise flog man zu jener Zeit mit den Boeing-Typen 727 und 737-200 auf europäischen Kurzstrecken. Meine Premiere war am 29. Mai 1989, also fast genau vor 35 Jahren (!) ein Flug von Paris nach München in der 21. ausgelieferten A320. Der Eintrag in meinem Logbuch lässt tief blicken, wie an-

↑ Weihnachts-Sonderbemalung 2015 auf einer Air Berlin-A320. (Dirk Grothe)

ders Fliegen damals war, denn ich hatte das Pech auf dem Economy-Mittelplatz 24B zu landen (von online Check-in träumte man noch nicht mal). Und das im Raucherabteil! So war das damals noch, gruselig. Aber es gab auch Positives: „Angenehmer Flug mit einigen Turbulenzen. Hervorragendes Dinner, 2 x Champagner geordert", lautet mein Eintrag damals. Lang ist's her.

Besondere Flüge mit der A320:

Am 16. Mai 1992 fand meine letzte Landung auf dem alten Flughafen München-Riem in einer A320 aus Paris kommend statt, nur vier Tage vor der Schließung von Riem. Meinen Eintrag kann ich heute selbst kaum glauben: „Auf dem Rückflug gibt es 30 Gramm frischen Kaviar pro Passagier, ein Gedicht!". Und das auf einer europäischen Kurzstrecke in Economy Class, soweit ich erinnere! Das war dann am 8. November 2020 schon ganz anders, auch wenn der Flug noch denkwürdiger war: Der allerletzte Start jemals aus Berlin-Tegel, ebenfalls eine A320 der Air France nach Paris. Ein Gläschen Schampus zum Abschied gab's aber.

Was mir aufgefallen ist:

Der A320 hieß anfangs für die breite Öffentlichkeit der „Atari-Flieger". Atari war damals ein gängiger Einstiegscomputer, natürlich noch ohne Internet, dafür mit ratterndem Diskettenlaufwerk als Speichermedium. Gerade daran gemessen war die A320 aber schon sehr modern, vor allem beeindruckend, wie viel einfacher und ohne jeden Kraftaufwand der Sidestick zu bedienen war im Vergleich zum herkömmlichen Steuerknüppel. Ich durfte es damals schon selbst mal ausprobieren in einem A320-Cockpit-Simulator.

Was ich noch erzählen wollte:

Im Mai 1988, nur gut einen Monat nach der Weltpremiere, brachte Air France ihre nagelneue A320 erstmals nach Hamburg, es gab einen Pressetermin am Flughafen. Ich war damals Praktikant bei der Lokalredaktion der Bild-Zeitung und habe natürlich Redakteur und Fotograf zu dem Ereignis begleitet. Besonders aufgefallen ist mir der blonde, überaus joviale und selbstbewusste Flugkapitän Michel Asseline, der freudig für die Fotografen im Cockpit posierte, die linke Hand lässig am Sidestick. Dieser Mann war Chefpilot für die A320 und Ausbilder, wenn jemand die A320 beherrschte, dann ja wohl er. Das Tragische: Nur etwa fünf Wochen später setzte genau dieser Michel Asseline seine A320 bei einer Flugschau im Elsass in einen Wald, die Maschine fing Feuer, drei Menschen starben.

Fun Fact:

Es war ein besonderer Moment, es muss im Frühjahr 1987 gewesen sein. An diesem Tag war ich als Nachwuchsjournalist (und hauptberuflich im Zivildienst) bei einem denkwürdigen Pressetermin bei der Firma, die damals noch MBB (Messerschmitt-Bölkow-Blohm) hieß, dem deutschen Airbus-Partner. Und zwar auf der Piste des Werksflugplatzes in Hamburg-Finkenwerder. Das Fernsehen und viele Reporter waren da, als die erste A320, der Prototyp, die erste Testmaschine, ihren ersten Flug und ihre erste Landung in Finkenwerder absolvierte. Damals war die Maschine noch ziemlich geheimnisumwittert, und allen war klar, dass dieses Programm für Airbus eine große Herausforderung bedeutete. Bis jetzt hatte man auch an der Elbe nur an Rumpfsegmenten für die A300 und A310 geschraubt und genietet. In Erinnerung geblieben ist mir von diesem Termin vor allem das Werbegeschenk, ja so was war damals üblich: Ein klobiger Briefbeschwerer aus Plexiglas, vorn das Foto eines Flugzeugs bei Nacht startbereit an der Piste, die Befeuerung leuchtete mit einem komplexen System aus Lämpchen, Drähten und Batterien tatsächlich. Von Digitalisierung hatte damals noch niemand gehört.

Karte 7 C

Fokker 100: Die holländische Heckschleuder

Der niederländische Zweistrahler aus den Achtzigern ist ein selten gewordener Klassiker, an dem bei mir viele Erinnerungen hängen.

Warum ich die Fokker 100 ins Quartett aufnehme:

Die Fokker 100 verströmt den Hauch der frühen Ära der Kurzstreckenjets, schließlich ist das T-Leitwerk mit zwei Triebwerken am Heck ein Klassiker, bekannt seit den frühen amerikanischen DC-9 und der britischen BAC 1-11. Die Fokker 100 war eine moderne Abwandlung davon, und vor allem war sie das letzte holländische Verkehrsflugzeug bis heute, der Gipfel der Flugzeugevolution der traditionsreichen Fokker-Werke. Europäische Jet-Airliner außerhalb von Airbus sind in jüngeren Jahrzehnten mit wenigen, eher erfolglosen Ausnahmen wie der Dornier 328 Jet quasi nicht existent. Schon das zeigt den besonderen Rang der Fokker 100 als eigenständiges europäisches Projekt eines Einzelstaats. Und die Tatsache, dass 66 von 283 bis 1997 gebauten Fokker 100 heute noch aktiv sind, davon zwei Drittel in Australien.

Mein erster Flug mit der Fokker 100:

Mein erster Flug mit der holländischen Heckschleuder war auch der, der mir am meisten in Erinnerung geblieben ist. Eine Art Klassenreise de luxe. Der Hamburger Steakhauskönig Eugen Block wollte das Portfolio seiner ohnehin schon defizitären Regionalgesellschaft Hamburg Airlines erweitern. Leider hatte der Patriarch von Luftfahrt sehr viel weniger Ahnung als von Steaks, und das zeigte sich auch, als ich mich mit ihm auf diesem Flug unterhielt. Das war am 18. Mai 1990, er hatte die Schnapsidee gehabt, bei Air Littoral in Frankreich eine ehemals von KLM betriebene Fokker 100 zu chartern und sie in voller Hamburg-Airlines-Bemalung mehrfach wöchentlich von Fuhlsbüttel nach Mallorca zu schicken.

Besondere Flüge mit der Fokker 100:

Schon von den Flugrouten her waren Fokker-100-Strecken eher Alltag als Abenteuer. In meinem Logbuch finden sich trotzdem einige meiner Flüge damit die Licht auf eine ande-

↑ Fokker 100 der kroatischen Trade Air 2017 in Hamburg. (Dirk Grothe)

re Zeit im Luftverkehr werfen. Am 27. August 1990 zum Beispiel flog ich mit der britischen Air Europe vom damaligen Flughafen München-Riem auf Platz 2A in anderthalb Stunden nach London-Gatwick und vermerkte dazu: „Sehr gutes Menü, Champagner satt." Das waren Zeiten. Einen weniger luxuriösen und trotzdem bemerkenswerten Flug hatte ich am 16. November 1994 mit dem britischen Billigflieger Air UK in der Fokker 100 von London-Stansted nach München: „Von den 101 Plätzen waren nur sieben besetzt, trotzdem lahme Crew", habe ich notiert.

Was mir aufgefallen ist:

Die Fokker 100 und ihre kleineren Verwandten wie die Fokker F28 (der Vorgänger im Einsatz seit 1969, unter anderem bei LTU) sowie die verkürzte Fokker 70 (ab 1994) hatten immer wieder Unfälle, die auf Eisansatz an den Tragflächen und Vereisung zurückzuführen waren. Viele Verbesserungen, die später eingeführt wurden, um solche Unfälle zu verhindern, waren Folge von Fokker-Unfällen. Am 25. Mai 1992 flog ich mit dem Fokker-100-Erstbetreiber Swissair von München nach Zürich. Ich machte große Augen, als mir beim Blick aus dem Fenster des Overwing-Exits, an dem ich saß (sicher ist sicher), auf die Tragflächenoberseite aufgeklebte gelbe Bindfäden auffielen. Dazu waren Dreiecke mit Aufschrift „ICE" aufgemalt. Hier sollte offenbar der Besatzung ermöglicht werden, durch Sichtkontrolle im Notausstiegsfenster festzustellen, ob auf dem Flügel kritisches Klareis entstanden war. Obwohl es ein warmer Maitag war, fühlte sich das etwas mulmig an, denn erst zwei Monate zuvor hatte es wegen Vereisung beim Start einer Fokker 28 in New York La Guardia 27 Tote gegeben, als das Flugzeug von der Bahn abkam und ins eisige Wasser stürzte. Im Januar 2004 legte dann eine Fokker 70 von Austrian Airlines ausgerechnet in München auf einem Feld in Flughafennähe eine Bruchlandung hin, weil sie es wegen Vereisung nicht mehr bis zur Landung auf die Piste geschafft hatte.

Was ich noch erzählen wollte:

In Deutschland hatte die Fokker 100 einen ihrer besten Märkte, nachdem Germania-Chef Hinrich Bischoff 2002 zum Schnäppchenpreis 19 der holländischen Zweistrahler aus den Beständen der unter Chapter-11-Gläubigerschutz gestellten US Airways erworben hatte. Ab 2009 hatte die OLT (später OLT Express) ebenfalls Fokker 100 in der Flotte, bevor sie mit Contact Air aus Stuttgart deren acht Fokker 100 übernahm und nun mit zehn der fliegenden Holländer unterwegs war.

Fun Fact:

Die Fokker-Werke sind einer der klassischen Flugzeughersteller, und was kaum einer weiß, sie starteten die Produktion 1912 in Berlin-Johannisthal. Gründer war der Flugpionier Anthony Fokker mit deutschen, niederländischen und US-amerikanischen Wurzeln. Schon 1913 verlagerte die Firma ihren Sitz nach Schwerin, damals bereits produzierte Fokker wegweisende Flugzeuge. Als nach dem Ersten Weltkrieg in Deutschland keine Flugzeuge mehr gebaut werden durften, zog Fokker in die Niederlande um und wurde ein wichtiger Lieferant von zivilen und militärischen Flugzeugen für den Weltmarkt. Durch hohe Entwicklungskosten für die neuen Modelle Fokker 50 (Turboprop) und Fokker 100 geriet die Firma bereits Ende der Achtzigerjahre in Schieflage, 1996 kam das Aus. Nachfolgefirmen versuchten später, die Produktion der Fokker 100 wieder aufzunehmen oder sogar eine größere, verbesserte Fokker 130 zu bauen, dazu kam es nie. Ich habe bis heute einen Schlüsselanhänger der Firma Stork Fokker (Fokker sogar im Originalschriftzug), der aus Glare besteht, einem Leichtbaumaterial, das das Unternehmen an Airbus lieferte für die Oberschalen der A380-Rümpfe. Hat leider auch nicht geholfen.

Karte 7 D

Zwei Hamburger: Der Mini- und der Maxi-Airbus

Vom Basis-Bestseller abgeleitet wurden die lange A321 und ein Jahrzehnt später die stummelartige A318. Ich war mit beiden viel unterwegs.

Warum ich die A318/A321 ins Quartett aufnehme:

Ein Flugzeugtyp ist immer dann erfolgreich, wenn der Hersteller ausgehend von einem Basismodell, eine sich gut ergänzende Flugzeugfamilie daraus ableitet. Das ergibt Synergien in der Produktion, weil es sich dabei nur um verkürzte oder verlängerte und manchmal verfeinerte oder neu motorisierte Varianten des Ausgangstyps handelt. Das ist Airbus meisterhaft gelungen mit ihrer A320- und heutigen A320neo-Familie. Interessant sind die Mini- und die Maxi-Modelle der Typenfamilie, zuerst war die lange A321 da, Verlängerungen des Grundtyps sind typischerweise die erste Abwandlung. Richtig erfolgreich ist die A321 erst anderthalb Jahrzehnte nach ihrer Einführung als A321neo mit neuen Triebwerken geworden. Seit 2018 wurden bis heute anhaltend weit über hundert Auslieferungen jährlich verzeichnet. Die Bestellungen für die A321neo steuern auf die 8000 zu, während die A321ceo-Produktion bei 1784 Orders endete. Der aktuelle Erfolg geht vor allem auf die neuen Langstreckenversionen A321LR und A321XLR zurück, die bisher konkurrenzlos sind. Die kommerzielle Geschichte der A318 hingegen ist allenfalls eine Fußnote in der Airbus-Geschichte, bei 80 Verkäufen endete die Produktion bereits 2013. Solche stark verkürzten Varianten haben grundsätzlich ein Gewichtsproblem, weil sie die Struktur der größeren Modelle mit sich herumschleppen. Technologisch war die A318 trotzdem ein interessantes Nischenangebot mit ihrer Fähigkeit zu Steillandungen und sogar als Langstreckenflugzeug, wie ich gleich berichte. Und nicht zuletzt muss ich beide ins Quartett aufnehmen, weil sie „Landsleute" sind: Beide Varianten wurden (bei der A321 nur zunächst) lediglich in Hamburg-Finkenwerder produziert, also in meiner Heimatstadt an der Elbe.

↑ Ferienflieger LTU setzte einige Airbus A321 ein, hier ab München. (Spaeth)

Meine ersten Flüge mit der A318 und A321:

Schon der 3.März 1993 war ein stolzer Moment in Hamburg-Finkenwerder, es wurde der erste Rollout eines in der Hansestadt produzierten Verkehrsflugzeugs gefeiert, das hatte es noch nie gegeben. Ich war dabei, und nun ja, ganz so glamourös wie zwei Jahre zuvor bei der A340-Premiere in Toulouse war es nicht, aber trotzdem denkwürdig. Genauso wie mein erster Flug mit dem neuen langen Airbus-Narrowbody: Am 27. Januar 1994 war ich wieder in Finkenwerder, jetzt wurde die allererste Kunden-A321 vor ihrer Auslieferung an Erstbetreiber Lufthansa getauft – auf den Namen „Finkenwerder". Und gleich danach gings für uns alle mit der D-AIRA in die Luft: Im Formationsflug mit zwei A320 kreisten wir über der Nordsee, nur um eigentlich einen innerstädtischen Auslieferungsflug von Finkenwerder nach Fuhlsbüttel zu absolvieren, wo wir aber erst nach 53 Minuten und 18 Sekunden aufsetzten. „Schampus satt" notiert mein Logbuch über den Bordservice. Da war mein Erstflug mit der A318 bedeutend weniger schillernd, das war am 4. Juni 2006 auf einem simplen Air France-Linienflug von Hamburg nach Paris in der erst zwei Monate zuvor ausgelieferten A318 mit dem Kennzeichen F-GUGM. Die bot eine Vorahnung davon, was uns heute alle bei Billigfliegern erwartet: Enge Sitze ohne verstellbare Rückenlehnen. Sitzkomfort geht auf jeden Fall anders, wenn man 1,88 Meter groß ist.

Besondere Flüge mit der A318/A321:

In den ersten Jahrzehnten ihrer Existenz blieb die A321 für mich ein „Lufthansa-Feierflieger", das hatte ja mit dem Auslieferungsflug der D-AIRA als allererster ihrer Art schon mal gut begonnen. Und es sollte so weitergehen. Die beiden weiteren Meilensteine fanden im Abstand von einem Jahrzehnt jeweils am 1. April statt, kein Scherz. Das ist nämlich der Tag, an dem die Nachkriegs-Lufthansa 1955 ihren Flugbetrieb wieder aufgenommen hatte. Zum 40. Jubiläum dieses Anlasses stand 1995 die D-AIRL bereit zu einem Flug entlang der ersten Nachkriegsroute. Es ging von meinem damaligen Wohnort München zunächst nach Frankfurt, dann weiter nach Köln/Bonn und schließlich nach Hamburg. Das Ganze war eine Art fliegender Karnevalsumzug, in meinem Logbuch heißt es „Hangarfeste und Champagner-Seeligkeit an vier Orten". Also wieder ein harter Arbeitstag für Luftfahrtjournalisten. Getoppt wurden die Feierlichkeiten von der nächsten Ausgabe am 1. April 2005 zu 50 Jahren neuer Lufthansa. Diesmal waren die Ereignisse mehrtägig: Am 31. März eine große Gala in Hamburg bei Lufthansa Technik mit Gastredner Helmut Schmidt, der die Lufthansa-Werft nach dem Krieg einst nach Hamburg geholt hatte. Am nächsten Tag strahlten dann das Wetter, die frisch in historischer Parabel-Bemalung lackierte A321 D-AIDV „Westerland" und Lufthansa-Chef Wolfgang Mayrhuber um die Wette. Und wieder wurde dann eine historische Route geflogen von Hamburg über Düsseldorf nach Frankfurt und München, und überall Reden, Snacks und Getränke. In diesem Jahr ist das nicht geplant, man hebt sich das Feiern für 2026 auf, wenn die Lufthansa hundert Jahre alt wird.

Luftfahrttechnisch interessanter war mein speziellster Flug mit der A318: Mit dem „Banker Shuttle" von British Airways vom London City Airport mit Tankstopp und US-Einreiseformalitäten im irischen Shannon nach New York. Genutzt wurde dafür von 2009 bis zum Ende 2020 die historische Concorde-Flugnummer BA 1. Die A318 ist für die kurze Piste des City Airports perfekt geeignet und kann hier ihre Fähigkeit zum Steilanflug ausspielen. Allerdings ist die Piste zu kurz, um vollzutanken, daher der Stopp in Shannon, praktischerweise ließ sich hier bereits freundlich und zügig die US-Passkontrolle durchlau-

↑ Airbus A318 von British Airways beim Start in London-City. (Archiv Spaeth/BA)

fen. Statt möglicher 132 Sitze gab es in der G-EUNA, mit der ich am 30. Januar 2011 unterwegs war, und einem Schwesterflugzeug nur 32 Businessclass-Liegesitze. Der Hüpfer nach Shannon dauerte eine Stunde, die Atlantiküberquerung 6:55 Stunden. Ich fand die Erfahrung sehr spannend und die Art der Anreise nach New York äußerst kommod – wenn nur nicht der London City Airport so mühsam zu erreichen wäre für jemanden, der nicht eh in den Docklands ist.

Was mir aufgefallen ist:

Die A318 ist der in allen Aspekten kleinste Airbus – nur bei einer Dimension nicht: Mit 12,56 Meter ist ihr Seitenleitwerk das höchste in der ganzen A320-Familie, die sonst in allen anderen Varianten nur 11,76 Meter aufragt. Das ist ein Phänomen, das sich auch bei anderen stark verkürzten Versionen eigentlich größerer Flugzeugtypen beobachten lässt. Zum Beispiel bei der Boeing 747SP im Vergleich zu sonstigen 747-Varianten. Durch eine längere Heckflosse muss hier aufgrund des kürzeren Rumpfs eine erhöhte Hebelwirkung erzeugt werden.

Was ich noch erzählen wollte

Am 15. Juni 2022 fand wiederum in Finkenwerder ein wichtiges Ereignis in der Evolution der A321 statt – der Erstflug der A321XLR. Das ist die kommerziell unglaublich erfolgreiche Version für Langstrecken von bis zu 8700 Kilometer, also veritable Interkontinentalrouten. Erinnert sich jemand noch, was 2022 los war? Richtig, wir hatten die Corona-Pandemie, die sich erst langsam besserte, die Stimmung gerade der Flugbranche war sehr gedämpft. Damals fielen Luftfahrtmessen reihenweise aus, und schon deswegen war es ein tolles Gefühl, gerade in dieser Zeit selbst bei einem echten Meilenstein an der Runway stehend dabei zu sein. Noch dazu in meiner Heimat. Am beeindruckendsten war die Rückkehr des Erstflugs, Hunderte jubelnde Airbus-Mitarbeiter und Wassersalut der Feuerwehr.

Fun Fact:

In Hamburg findet auch jedes Jahr die größte Fachmesse für Kabineneinrichtungen statt, die Aircraft Interiors Expo. In den letzten Jahren gab es hier bei den Sitzherstellern nur ein wirklich innovatives Thema: Luxus auf Langstrecken in einem Schmalrumpfflugzeug. Da brauchen die Designer Gehirnschmalz, wie man auf wenig Raum Üppigkeit schafft. Ergebnis: Faszinierend! Einige der Top-Suiten für die erste Reihe sind bequemer und geräumiger als Suiten in klassischen Langstrecken-Großraumjets. Das kann man heute schon im Einsatz sehen etwa bei der Mint-Suite an Bord der A321LR von JetBlue.

Karte 8 A

Boeing 757: Schlanker Alleskönner

Egal ob kurzer Hüpfer oder Transatlantikflug – Boeings Zweistrahler schaffte beides. Ein attraktives Flugzeug, mit dem ich vor allem in die sowie in den USA geflogen bin.

Warum ich die Boeing 757 ins Quartett aufnehme:

Im Jahr 1982 gab es auf der damaligen britischen Luftfahrtschau in Farnborough eine Weltpremiere, Boeing stellte die 757 vor als modernen Nachfolger der 727. Der zweistrahlige Narrowbody war zuerst mal ein Hingucker, schlank und elegant, aber auch ein sehr effektives Arbeitspferd. Gleichzeitig brachte sie viele Innovationen wie das Glascockpit in das Schmalrumpf-Segment. Und war das erste Schmalrumpfflugzeug, das in beide Richtungen nonstop von Westeuropa nach Amerika und zurückkam. Zumindest wenn auf dem Hinweg wenig Gegenwind herrschte.

↑ Boeing 757-200 bei der Premiere der Condor-Sonderbemalung „Rizzi Bird" 1997. (Spaeth)

Mein erster Flug mit der Boeing 757:

Ich weiß noch, wie aufgeregt ich bei meinen ersten USA-Besuchen Mitte der achtziger Jahre war, dort meine ersten 757 zu sehen, mit ihrem elegantem, silbrig-blanken schlanken Rumpf. Etwa im Dienst von Eastern Air Lines, einem der ersten und größten Kunden. Nach Europa, in Deutschland als erste bei LTS Lufttransport Süd (später LTU Süd) in München-Riem, kam sie erstmals 1984, aber die hatten nur drei Flugzeuge. Mein erster eigener Flug mit der 757 fand dann irgendwie erst Jahre später statt, ich kann mich nicht einmal spezifisch daran erinnern. Mein Logbuch verzeichnet nur, dass es am 13. April 1991 war in den USA mit Northwest Airlines von Detroit nach Toronto in Kanada, ein Hüpfer von 37 Minuten.

Besondere Flüge mit der Boeing 757:

Condor war 1996 wiederum auf der Farnborough Air Show, der Erstkunde für die um sieben Meter gestreckte 757-300, in der bis zu 280 Passagiere Platz finden. Neun davon fliegen noch bis Ende kommenden Jahres. Ich durfte im März 1999 mit dem legendären Condor-Pilotenduo Döhler und Dautzenberg die allererste 757-300 weltweit aus Seattle abholen und sie nach Frankfurt überführen. Was mir dabei vor allem in Erinnerung geblieben ist: Fast alle Overhead Bins der hinteren (ansonsten weitgehend unbesetzten) Kabine waren wir großen Pappkartons gefüllt. Darin lag die zumindest damals noch in Papierform vorgeschriebene Dokumentation, die Boeing jedem Airline-Kunden mit jedem ausgelieferten Flugzeug mitliefert. Und ich kann mich erinnern, dass wir seltsamerweise in Keflavik zum Auftanken zwischengelandet sind nach quasi null Schlaf, obwohl gerade eine leere 757 das locker nonstop hätte schaffen müssen, zumal ostwärts in Richtung Europa.

Was mir aufgefallen ist:

Es wäre eine gute Quizfrage: Was hat die 757, was kein anderes Verkehrsflugzeug heute hat? Um ihr Cockpit zu betreten, muss man eine Stufe nach unten überwinden. Um den aerodynamisch, also durch den Windzug entstehenden Lärm für die Piloten einzudämmen und ihnen auch mehr Platz zu bieten, hat Boeing den Arbeitsplatz der Cockpitcrew tiefergelegt als die Kabine. Das lässt sich auch von außen bei genauem Blick auf das Flugzeug erkennen. Die tief liegende Nase spart tatsächlich sechs dB an Lärm ein. Aber vor dem Betreten des Cockpits heißt es: Vorsicht Stufe.

Was ich noch erzählen wollte:

Meine besten Flüge mit der 757-200 hatte ich, als sie bei Continental Airlines (später von United übernommen) und mit Winglets ausgerüstet Transatlantikflüge vom Hub in Newark auch nach Hamburg flog, meiner Heimat. Was für eine Wohltat, überhaupt interkontinental nonstop an die Elbe fliegen zu können (das vermisse ich heute sehr gerade über den Atlantik). Vorn gab es schon recht bequeme Lieflat-Sitze als damals „Business-First" genanntes Premiumprodukt, Continental war hier ein Vorreiter dessen, was jetzt an Edelsitzen in Narrowbodies wie der A321XLR fliegen wird, dem natürlichen Nachfolgemodell. Das Allerbeste war, als es in New York noch die Möglichkeit eines Helikoptertransfers von der 34. Straße in Manhattan, wo man innerhalb einer Minute die Sicherheitskontrolle passieren konnte, zum Flughafen Newark gab. Dort nach einem quasi Sightseeingflug über die Wolkenkratzer gelandet, ging man vom Vorfeld eine Treppe rauf und direkt ans Gate.

Fun Fact:

Die zweifellos schönste Boeing 757 jemals war der Rizzi Bird, die D-ABNF, die Condor 1997 zu ihrem 40. Bestehen vom New Yorker Pop-Art-Künstler James Rizzi (1950-2011) gestalten ließ. Und ich war der extremen Herausforderung, dieses bunte Sammelsurium an Gesichtern, Vögeln und Raubkatzen, das Rizzi auf einem 757-Modell kreiert hatte, auf ein echtes Flugzeug zu übertragen, eng auf der Spur. In Absprache mit Condor und unter anfänglicher Geheimhaltung durfte ich die Bemalung und Beklebung der 757-200 in Hamburg bei Lufthansa Technik vor Ort in der Lackierhalle verfolgen und fotografieren, bevor Spotter oder sonst wer davon Wind bekam. Das war aufregend, zumal ich mich sehr für Kunst interessiere und mich dieses Zusammenspiel eines Künstlers, der seine Freiheiten nutzt, mit Technikern, die auf den Millimeter präzise arbeiten müssen, faszinierte. Seine große Popularität wurde dem bunten Vogel am Ende zum Verhängnis: Trotz einer Unterschriftenaktion für ihren Erhalt fiel die Sonderlackierung turnusgemäße vier Jahren wieder einer der Standardbemalungen zum Opfer. Grund: Es kam oft zu Verspätungen im Flugbetrieb, weil die Passagiere beim Ein- und Aussteigen so ausgiebig fotografieren wollten.

Karte 8 B

Airbus A350: Das Airbus-Flaggschiff aus Verbundwerkstoff

Das Spitzenmodell der Europäer setzt Maßstäbe bei Dimensionen und Effizienz. Ich durfte damit sogar den längsten Linienflug der Welt absolvieren.

Warum ich die A350 ins Quartett aufnehme:

Der Airbus A350 ist das modernste derzeit existierende Großraumflugzeug und hat sich nach einem etwas holprigen Entwicklungsprozess zu einem Verkaufsschlager entwickelt. Kein anderes Flugzeug weist einen so hohen Anteil an Verbundwerkstoffen auf (53 %), was sich in weniger Gewicht und mehr Effizienz niederschlägt und auch den Passagierkomfort steigert: Durch den so möglichen höheren Kabinendruck sind lange Flugreisen für den Organismus weniger ermüdend. Bei Rumpfnase und Cockpit stand die A380 Modell, Airbus gab nach Protest möglicher Kunden den ursprünglichen Plan auf, mit der A350 nur eine leicht modifizierte, modernere Version der A330 zu entwickeln. Der Hersteller entschied sich stattdessen für einen breiteren Rumpf und Tragflächen aus Kohlefaser. Der Mut hat sich ausgezahlt und die A350 wird vermutlich für Jahrzehnte das Spitzenmodell der Europäer für die Langstrecke bleiben.

↑ Airbus A350-900 in den Farben der SAS beim Start in Billund. (Dirk Grothe)

Mein erster Flug mit der A350:

Ich hatte meinen Erstflug mit der A350 zehn Monate nach ihrer Indienststellung. Am 7. Oktober 2015 durfte ich bei der Abholung der ersten A350 für Finnair in Toulouse dabei sein. In drei Stunden und acht Minuten flog uns dann die OH-LWA in die Herbstsonne von Helsinki, wo gebührend gefeiert wurde.

Besondere Flüge mit der A350:

Am 21. Februar 2018 stand erneut ein Auslieferungsflug an. Diesmal ging es mit der allerersten verlängerten A350-1000 zum Erstbetreiber Qatar Airways (die schon 2015 als erste die A350-900 einsetzte, das Basismodell). In sechs Stunden und 35 Minuten brachte uns die A7-ANA von Toulouse nach Doha, wo sie sogleich als Stargast einer pompösen Zeremonie in den Hangar gezogen wurde.

Besonders war auch mein zweites Mal auf dem längsten Linienflug der Welt, diesmal auf der extra für Singapore Airlines entwickelten Ultra-Langstreckenversion A350-900ULR. Die Variante verfügt über ein höheres Startgewicht und kann so 23.000 Liter mehr Treibstoff tanken, die es ihr ermöglichen, statt 15 nun sogar bis zu 19 Stunden ohne Stopp in der Luft zu bleiben. Das ist inklusive Reserven nötig, um täglich die 15.270 Kilometer zwischen Singapur und New York zu fliegen. Die Route hatte ich zur Premiere 2004 schon mal in umgekehrter Richtung beflogen, damals in der A340-500. Weil das eine ziemliche Tortur war, fragte ich mich, ob mit der A350 die Erfahrung eine andere sein würde. Nachdem ich am 18. Oktober 2018 mit der 9V-SGA in diesmal „nur" 16:50 Stunden in Newark landete, fühlte ich mich erholt und fast frisch. Die bessere Belüftung und der höhere Kabinendruck machen auf solch einem Marathonflug einen erheblichen Unterschied, wie ich an mir selbst beobachtete.

Was mir aufgefallen ist:

Die A350 trägt den ungewöhnlichen Zusatz XWB in ihrer Typenbezeichnung, das steht für Extra Wide Body. Mit diesem Marketingsuffix weist Airbus deutlich darauf hin, wie man über den eigenen Schatten gesprungen ist bei der Entwicklung. Erstmals seit dem Ur-Airbus A300 von 1972 veränderte man bei einem Großraumflugzeug den Rumpfquerschnitt auf Druck von Airlines und Leasingfirmen. Mit 5,61 Meter maximalen Innendurchmesser der Kabine ist die A350 innen 12 Zentimeter breiter als die Boeing 787. Erst 2022 stellte Airbus den nächsten Entwicklungsschritt vor: dank neuer Materialien konnte das Gewicht gesenkt, vor allem aber die Kabine innen noch um zehn Zentimeter auf 5,71 Meter auf Höhe der Armlehnen verbreitert werden. Das gäbe A350-Betreibern die Chance, in Economy Class zehn schmale statt wie üblich neun Standardsitze nebeneinander pro Reihe einzubauen. Damit zu fliegen wünsche ich niemandem, bin aber sicher, dass irgendwer das einführt.

Was ich noch erzählen wollte:

Airbus hat den prestigereichen Auftrag der australischen Qantas gewonnen, das Flugzeug für ihr „Projekt Sunrise" zu liefern: Eine durch Zusatztank in der Rumpfmitte für Ultralangstrecken fit gemachte A350-1000ULR, die dann ab 2026 die 17.000 Kilometer zwischen Sydney und London nonstop bewältigen soll. Das ist seit jeher die eine wichtige Strecke, die noch kein Flugzeug im Linienverkehr ohne nachzutanken bewältigen konnte. Mit nur 238 Sitzen wird es Bord in vier Klassen so wenige Plätze geben wie in keiner anderen A350-1000. Das ist aber bei erwarteten 20 Stunden Flugzeit auch nötig, um den Passagieren Raum zum Aufstehen und sogar für Bewegungsübungen zu geben.

Fun Fact:

Die A350 ist ein Zweistrahler und unterliegt so auf langen Überwasserrouten den Bestimmungen für Extended Range Twin Operations (ETOPS). Das spielt heutzutage im Flugbetrieb meist keine große Rolle mehr: Alle modernen Twins können inzwischen Atlantik und Pazifik weitgehend ohne Umwege überqueren, mit mehreren Stunden Zeit, bis ein Ausweichflughafen erreicht sein muss. Die A350 ist in der höchsten Kategorie zertifiziert, das heißt mit ETOPS 370, mit der sie über sechs Stunden Zeit hat, um im Fall eines Triebwerksausfalls den nächsten Flughafen zu erreichen. Damit sind 99,7 % aller Routen auf dem Globus abgedeckt, und damit auch alle Ultralangstrecken, die Airlines auch nur theoretisch damit würden bedienen wollen.

Karte 8 C

Airbus A330: Zweistrahler für alle Fälle

Die A330 ist die Airbus-Lösung für fast alles vom Ferienflug zum Tanker oder Frachter, die erst spät Erfolg hatte. Mich hat sie an den Rand der Erde gebracht.

Warum ich die A330 ins Quartett aufnehme:

Parallel mit der A340 entwickelte Airbus in den frühen neunziger Jahren auch ein daraus abgeleitetes zweistrahliges Großraumflugzeug. Damals lag der Fokus noch auf Vierstrahlern und die A330 fristete jahrelang eher ein Schattendasein. Doch ab Mitte der Nullerjahre, über ein Jahrzehnt nach der Premiere, entwickelte sich die anpassungsfähige A330 plötzlich zum Bestseller, der bis heute seit über 30 Jahren gebaut wird. Das Spektrum der Anwendungen des Zweistrahlers ist beeindruckend, vom Kurzstreckenflieger auf Inlandsflügen bis hin zu langen Interkontinentalrouten ist sie ebenso einsetzbar wie in Varianten als Frachter oder Tankflugzeug, mit der A330neo ist Airbus eine modernisierte Neuauflage gelungen.

↑ Airbus A330 der Iran Air bei der Landung in Hamburg. (Dirk Grothe)

Mein erster Flug mit der A330:

Mein erster Flug mit dem Airbus-Zweistrahler war besonders: Es ging mit der OE-LAM, der allerersten A330-200 von Austrian Airlines am 27. September 1998 von Wien in acht Stunden und 32 Minuten nach Peking. Das war gleichzeitig meine erste Reise nach China. Wir flogen in der damals pompös „Grand Class" genannten Business Class der Österreicher, und in der Nacht war in Deutschland Gerhard Schröder zum Bundeskanzler gewählt worden. Das macht deutlich, wie lange das her ist.

Besondere Flüge mit der A330:

Der ungewöhnlichste Flug mit der A330 war mir am 1. Mai 2007 vergönnt: Mein Freund Manuel Kliese war damals Mitbetreiber eines erfolgreichen Polarflug-Veranstalters, und dies war der erste Passagier-Rundflug von Deutschland zum Nordpol und wieder zurück an einem Tag. An diesem strahlenden Maifeiertag ging es morgens in der A330-200 D-ALPG des Ferienfliegers LTU von Düsseldorf los und über Norwegen und Spitzbergen zum Nordpol. Dort drehten wir nach rund fünf Stunden über dem Eis Schleifen, bevor uns der Rückflug bei perfektem Wetter über die grandiose wilde Ostküste Grönlands wieder zum Rhein/Ruhr-Flughafen beförderte. Dort setzten wir nach zwölf Stunden und 50 Minuten wieder auf. Auch das ein Statement für die Leistungsfähigkeit der A330, wenn auch hier mit leerem Frachtraum unterwegs. Ich habe die später dann von Air Berlin übernommenen Polarflüge dann noch zweimal mitgemacht. Einen davon ein Charter für Astronomen, die aus der Luft über Spitzbergen eine polare Sonnenfinsternis beobachteten, faszinierend. Mich hat die A330 auch schon bis nach Brasilien und Indien gebracht, ein weiterer besonderer Flug fand dann am 19. Juni 2018 statt: Ich war an Bord bei der Abholung der ersten A330neo für TAP Air Portugal, in 1:30 Stunden holten wir die CS-TUA von Toulouse nach Lissabon, dort gab es abends eine feuchtfröhliche Hangarparty.

Was mir aufgefallen ist:

Die A330 bot für Airbus einen hervorragenden Baukasten, um daraus ihren neuen firmeneigenen Riesenfrachter Beluga XL zu entwickeln, der vor allem für die A350-Produktion gebraucht wird. Man nehme den unteren Vorderteil der A330-200, kombiniere ihn mit dem unteren Rest des Rumpfes der A330-300 und dem Frachtraumboden und der verstärkten Struktur des regulären Frachters A330-200F. Schon ergibt sich die perfekte Plattform, auf den aufbauend dann Spezialfirmen den gewölbten oberen Rumpfteil inklusive abgesenktem Bug und riesigem Frachttor setzen. Außerdem verbreitere man die Spannweite des A330-Höhenruders und setze auf jeder Seite mächtige Endscheiben wie Mini-Leitwerke an ihre Spitzen. Fertig ist die Beluga XL auf A330-Basis, die jetzt ganze A350-Tragflächen und bis zu 50 Tonnen Fracht aufnehmen kann.

Was ich noch erzählen wollte:

Der ungewöhnlichste A330-Linienflug der Welt führt zweimal wöchentlich von Brize Norton bei London in neun Stunden auf die einsame Insel Ascension mitten im Südatlantik südlich von Westafrika. Von da geht es dann noch mal achteinhalb Stunden weiter fast bis Feuerland am Südende Südamerikas, auf die Falklandinseln. Beide Ziele sind britische Überseegebiete mit Militärpräsenz, die Anbindung von/nach Großbritannien wird durch die Gesellschaft AirTanker durchgeführt, die wie der Name schon sagt, auch in der Luftbetankung arbeitet und eine entsprechende A330-Flotte von der Royal Air Force übernommen hat. Für die Passagierflüge wurden sie von der militärischen Tanker-Transporter-Version A330 MRTT wieder in normale A330-200 umgerüstet, die jetzt bis zu 327 Passagiere in enger Einklassenkabine befördern. Zeitweise wurden bestimmte Platzkontingente auf die Inseln auch an Privatreisende verkauft, wahrlich exotische Urlaubsziele.

Fun Fact:

Eine Version der A330 weist eine seltsame Ausbuchtung vorn unten auf, oberhalb des Bugfahrwerks. Es ist die A330F, die Frachtversion, und nur sie fliegt mit dieser Ausstülpung. Warum, fragt man sich – und die Antwort ist simpel: Der Frachter kam erst anderthalb Jahrzehnte nach der Passagierversion auf den Markt, bis dahin erkannte man alle Flugzeuge der A330/A340-Familie auch daran, dass ihre Nase am Boden leicht nach unten zeigt. Das ging aber beim Frachter nicht, zur Beladung muss der Kabinenboden eben sein, und nach diversen Entwürfen, etwa für ein längeres Bugfahrwerk, entschieden sich die Konstrukteure für die Ausbuchtung, in der das bestehende Fahrwerk tiefer angebracht ist.

Karte 8 D

Boeing 767: Großraumjet im Kleinformat

Der Twinjet sollte der A300 Paroli bieten und wurde zum Pionier für Transatlantikflüge mit nur zwei Triebwerken und zwei Piloten, wie ich oft erlebt habe.

Warum ich die Boeing 767 ins Quartett aufnehme:

Bereits in den siebziger Jahren musste Boeing einen Nachfolger für die Boeing 707 definieren. Gleichzeitig merkte man in Seattle durch den kühnen Vorstoß der Europäer mit dem Airbus A300, dass nun die Ära der Großraumflugzeuge auch außerhalb der Langstrecken beginnen würde. Als die 767 in den frühen Achtzigern auf den Markt kam, wurde sie bald zu dem, was man später „Gamechanger" nennen würde: Dank ETOPS, der Möglichkeit, auch mit einem Zweistrahler weiter von Ausweichflughäfen entfernt über den Nordatlantik zu fliegen, wurde die 767 zum ersten Pionier für Interkontinentalflüge mit kleineren Großraumjets. Sie brachte erstmals Flugzeuge mit nur zwei Triebwerken unter den Flügeln und nur noch zwei Piloten im Cockpit in großer Zahl auf solche Langstrecken. Zuvor leitete sie in gleicher Weise eine kleine Revolution auf Transkontinentalflügen in den USA ein.

↑ Boeing 767-200 als VIP-Jet des Sultans von Brunei 2023 in Hamburg. (Dirk Grothe)

Mein erster Flug mit der Boeing 767:

Ich kann mich noch gut erinnern, wie ich mir in den Achtzigern die Nase etwa am Zaun am Flughafen New York JFK platt drückte, um erstmals die Boeing 767 aus der Nähe zu sehen. Mein erster eigener Flug in der Boeing 767, in diesem Falle der 767-300ER, führte denn auch am 25. März 1990 in elf Stunden und elf Minuten mit American Airlines von Frankfurt nach Dallas/Fort Worth. Ich war erst 23, aber reiste auf dieser Pressereise schon in Business Class, die ich als einmalig bequem deswegen in Erinnerung behielt, weil American damals die Sitze mit Bezügen aus flauschigem Schaffell ausgestattet hatte. Das war richtig kuschelig und ich fühlte mich wie in einem Nest. Aus Hygienegründen war das ganze allerdings ein Albtraum, schon damals fanden sich überall Krümel der Mahlzeiten meiner Vorgänger in dem Sitzbezug mit seinen langen Haaren. Bald entfernte die Airline dann die Felle, verständlich, aber irgendwie schade.

Besondere Flüge mit der Boeing 767:

In den neunziger Jahren vor allem hat mich die 767 in die ganze Welt geflogen. Ich war damit in Australien unterwegs, nach Alaska, Madagaskar und in China. Zwei Flüge sind mir in besonderer Erinnerung geblieben. Am 24. Juni 1994 bin ich zum ersten Mal nach Grönland geflogen. Mit einer Boeing 767-300ER der SAS ging es damals von Kopenhagen nach Kangerlussuaq (ehemalige US-Basis Söndre Strömfjord, seit Oktober 2024 führen die Langstreckenflüge jetzt zum neuen Flughafen Nuuk). Ich durfte beim Anflug auf die größte Insel der Welt im geräumigen 767-Cockpit auf dem Jumpseat sitzen und staunend auf den endlosen weißen Panzer des Inlandeises blicken. Der andere bemerkenswerte 767-Flug fand erst im Mai 2019 statt, es war der Erstflug von Austrian Airlines nach Montréal. Auch auf diesem 767-300ER-Flug, inzwischen mit schnittigen Winglets an den Flügelspitzen, war ich häufig im Cockpit, diesmal sogar mit einem Kameramann. Für das damalige Video-Streamingportal Planestream und mit meinem Freund und heutigen Podcast-Partner bei Flugforensik Benjamin Denes, drehten wir einen Film mit dem Titel „Ein Flug in Zahlen".

Was mir aufgefallen ist:

Es gibt auffällige Parallelen zwischen den Boeing-Typen 757 und 767 – etwa das weitgehend identische Cockpit. Das ist kein Zufall, hat Boeing doch ab 1978 beide Typen gleichzeitig entwickelt. Die 757 sollte vor allem die 727 ersetzen und auf kürzeren Strecken die 707, während die 767 für längere Strecken und höheres Aufkommen gedacht war und den Großraummarkt unterhalb der Boeing 747 abdecken sollte. Eine ähnliche Parallelität zwischen von ihren Dimensionen her unterschiedlichen Typen eines Herstellers hat es so sonst nicht wieder gegeben. Die Airbus-Typen A330 und A340 dagegen sind viel näher verwandt als 757 und 767, beide nutzen den gleichen Rumpf.

Was ich noch erzählen wollte:

Im Juni 1991 zog ich für einige Monate zum Studium nach Seattle – dorthin gelangte ich mit einer Boeing 767-300ER von United Airlines via London. Ein Grund, dass ich auf eigene Kosten dort ein wunderbares Summer Quarter absolvierte, war, dass ich so als Student und junger Journalist nah an Boeing dran sein wollte. Die Gelegenheit ergab sich schon kurz darauf – der deutsche Ferienflieger Condor übernahm damals seine ersten beiden Boeing 767-300ER auf dem Boeing Field in Seattle. Tagelange Feierlichkeiten, inklusive eines großartigen Ausflugs auf der Boeing-eigenen Jacht zum Barbecue auf einer Privatinsel, wechselten sich ab mit spannenden Einblicken in die Boeing-Produktion. Unglaublicherweise sind einige der dann schon über 30 Jahre alten, von den ganz zu Anfang ausgelieferten 767 bei Condor noch bis März 2024 im Einsatz gewesen.

Fun Fact:

Kürzlich durfte ich in der Nähe von Seattle das gerade umgezogene Boeing-Firmenarchiv besuchen. Der legendäre Firmenhistoriker Michael Lombardi persönlich führte mich herum, der Mann ist ein wandelndes Boeing-Lexikon. Faszinierend waren die endlosen Regale mit Holz- und Kunststoffmodellen Tausender nie gebauter Boeing-Flugzeugvarianten. Auch zur 767 zog Michael sehr exotische Designmodelle aus seinem Fundus. Das kurioseste: Ein Halb-Doppelstöcker. „Die Airlines wollten damals mehr Kapazität und die Designer haben dann einen halben 757-Rumpf oben auf die hintere Hälfte der 767 montiert, wir haben das scherzhaft ‚*Hunchback of Mukilteo*' genannt (die „*Bucklige von Mukilteo*", d. Red.) nach dem Ort nahe dem Werk in Everett", erzählte mir Michael. Das sah ziemlich seltsam aus, Boeing hat dann zum Glück diese etwas abwegige Idee nie verwirklicht.

Ferner (ge)flogen

Mit diesen Verkehrsflugzeugen hatte ich auch noch besondere Erlebnisse.

Bombardier Dash-8/Q-Series

Die kleine Dash-8-100 und die größere -300 hatten beide eine gemeinsame Besonderheit: Vorn, gleich nach dem Heraufsteigen der innen in die Einstiegstür integrierten Treppe empfing einen eine nette Sitzecke - die Sitze 1C+D und 2C+D lagen sich direkt gegenüber, wenn sie besetzt waren, blickte man seinem Gegenüber in die Augen, fast wie Zugfahren früher. Fliegen mit dem Rücken zur Flugrichtung wie in der ersten Reihe ist ungewöhnlich, gilt aber als besonders sicher. Sehr komfortable oder leise waren die kleineren Dashs nicht, dafür brauchten sie nur ganz kurze Bahnen und haben mich bei Widerøe im arktischen Nordnorwegen ebenso inklusive Ehrenrunde über dem Nordkap an die abgelegensten Orte gebracht wie bei Greenlandair (später Air Greenland) in weltferne grönländische Siedlungen. Absolut unvergessen sind insgesamt drei Atlantiküberquerungen, zwei davon in westlicher Richtung in der Dash 8-300, eine in östlicher Richtung in der langen, leisen Q400. Das verdanke ich Augsburg Airways, Anfang des Jahrtausends Lufthansa-Regionaltochter. Sie brachte mehrfach ihre Dash-8 ins damalige Bombardier-Werk in Downsview bei Toronto zurück, mehrere interessante Nightstops in Reykjavik und Narssarsuaq oder Kangerlussuaq in Grönland waren immer inklusive. Am schönsten war die Überführung einer nagelneuen Q400 von Toronto nach Augsburg im Februar 2001 mit grandiosen Zwischenstopps in Churchill an der Hudson Bay (minus 24° C) und Kangerlussuaq (minus 37° C und unfassbar brillante Nordlichter). Dazu die fahle aufgehende Wintersonne über den Gebirgen Ostgrönlands - kein Wunder, dass ich seitdem ein Q400-Fan bin.

Typ: Turboprop-Regionalflugzeug
Hersteller/Herkunft: de Havilland Canada/ Bombardier Aerospace, Montréal/Kanada
Erstflug: 20. Juni 1983
Indienststellung: 1984
Produktionszeit: 1983 bis heute
Anzahl gebaut: 1275
Länge: 32,84 Meter (alle Werte für DHC-8-400)
Spannweite: 28,42 Meter
Reichweite: 2040 Kilometer
Reisegeschwindigkeit: 667 km/h
Sitze (typisch/maximal): 82/90

Convair CV-440 Metropolitan

© Andreas Spaeth

Schon als Kind, Anfang der siebziger Jahre hat mich die Convair CV-440 Metropolitan fasziniert, als ich sie im Familien-Sommerurlaub in Diensten der SAS auf dem Flughafen von Rønne auf Bornholm erblickte. Besonders die aufschwingende Flügeltür am vorderen Einstieg ist ein so eleganter Einstieg wie bei keinem anderen Flugzeug vorher oder nachher. Die Metropolitan brachte in den späten fünfziger Jahren den Europa-Verkehr von Airlines wie SAS, Lufthansa oder Swissair wieder in Gang, ein echter Klassiker also. Mit Druckkabine und Wetterradar war sie ein spürbarer Fortschritt auch im Passagierkomfort, die Kabine hatte die Dimensionen eines echten Airliners. Ich hatte 2006 das riesige Glück, noch selbst mit einer CV-440 fliegen zu dürfen, die südafrikanische Luxuszugfirma Rovos betrieb damals zwei Metropolitan unter der Marke Rovos Air. Von Livingstone in Sambia nahe den Victoria Fällen ging es nach Polokwane in Südafrika, wo die Gäste den Rovos-Zug bestiegen. Der damalige Rovos-Air-Chefpilot beschrieb die Handhabung der Metropolitan so: „Sie sind sehr ‚physische' Flugzeuge, die Ruder und Klappen haben keine Hydraulik und benötigen daher manchmal einen starken Arm. Ein wunderbar zu fliegendes Flugzeug, das nostalgische Gefühle erzeugt, so-

Typ: Kolbenmotor-Kurzstreckenflugzeug
Hersteller/Herkunft: Convair, San Diego, Kalifornien/USA
Erstflug: 6. Oktober 1955
Indienststellung: 8. März 1956
Produktionszeit: 1955 - 1958
Anzahl gebaut: 199
Länge: 24,84 Meter
Spannweite: 32,12 Meter
Reichweite: 1700 - 2800 Kilometer
Reisegeschwindigkeit: 465 km/h
Sitze (typisch/maximal): 48/52

gar für die Piloten, in dem es sie daran erinnert, dass sie das Flugzeug fliegen müssen, mit starkem und wiederholten Trimmen. Aber trotz der starken Rudereingaben und andauernden Trimmens ist das Flugzeug allen ans Herz gewachsen, die es geflogen haben“, schwärmte er.

Dornier 328/328JET

Die Dornier 328 war ihrer Zeit voraus, und es ist gut möglich, dass sie nach über zwei Jahrzehnten Produktionsunterbrechung in neuer Überarbeitung auch noch eine Blütezeit vor sich hat. Die Zweimotorige ist das letzte Verkehrsflugzeug, das von einem deutschen Unternehmen in Eigenregie entwickelt und gebaut wurde. Sehr ungewöhnlich war die Möglichkeit, das Flugzeug entweder mit Turboprop- oder mit Jet-Antrieb zu bestellen, interessanterweise teilen sich die produzierten Flugzeuge beinahe 50 : 50 auf beide Antriebsarten auf. Dabei hat schon die Turboprop-Version jet-ähnliche Eigenschaften, vor allem bei der Geschwindigkeit. Ich habe die 328 immer als sehr angenehm und fortschrittlich empfunden. Schon am 19. Mai 1994 durfte ich damit einen Probeflug machen von München über Frankfurt nach Brüssel. Erst 1999 folgte der Propellerversion die 328 JET. Mit einem 328 JET der dänischen Sun Air flog ich im Juli 2019 von Hamburg nach Friedrichshafen und zurück. Was mich beeindruckte, war die kleine Klappe in der Cockpit-Außenwand links neben dem Pilotensitz, um Ladepapiere direkt aufs Vorfeld zu reichen - die Fenster wären dafür zu hoch. Die Deutsche Aircraft will ab etwa 2026 in Leipzig mit der Produktion einer neuen, verlängerten 328-Turboprop für 40 Passagiere beginnen.

Typ: Kurzstreckenflugzeug
Hersteller/Herkunft: Fairchild Dornier, Oberpfaffenhofen/Deutschland
Erstflug: 6. Dezember 1991
Indienststellung: 13. Oktober 1993
Produktionszeit: 1992 - 2005
Anzahl gebaut: 220
Länge: 21,23 Meter
Spannweite: 20,98 Meter
Reichweite (Prop/JET): 1320/1710 Kilometer
Reisegeschwindigkeit (Prop/JET): 620/740 km/h
Sitze (typisch/maximal): 30/33

Douglas DC-3/C-47/BT-67

Typ: Kolbenmotor-Passagier- u. Transportflugzeug
Hersteller/Herkunft: Douglas Aircraft Company, Santa Monica, Kalifornien/USA
Erstflug: 17. Dezember 1935
Indienststellung: 1936
Produktionszeit: 1936 - 1945, bis 1954 in Lizenz, BT-67 1990 bis heute
Anzahl gebaut: 16.079 plus 68 BT-67
Länge: 19,66 Meter (Daten für DC-3A)
Spannweite: 29,98 Meter
Reichweite: 2540 Kilometer
Reisegeschwindigkeit: 339 km/h
Sitze (typisch/maximal): 21/32

Die DC-3 ist der ultimative Klassiker unter den Flugzeugen, und glücklicherweise fliegen einige hundert dieses unverwüstlichen Evergreens bis heute. Der hoch aufragende Bug, das auf einem kleinen Spornrad hinten ruhende Heck, der am Boden steil ansteigende Kabinenboden, all das lässt die Herzen von Fans des oft Dakota genannten Flugzeugs höherschlagen. Meinen allerersten Flug mit einer DC-3 buchte ich schon am 26. Mai 1984 auf der damals in Hannover stattfindenden ILA-Luftfahrtausstellung. Mit der 1944 gebauten G-AMSV von Air Atlantique flogen wir in 14 Minuten eine Runde vom Flughafen Langenhagen, das Flugzeug gibt es heute noch. Sehr spannend war 2007 mein Testflug mit der runderneuerten, ursprünglich 1943 als Militärversion gebauten C-47, die dann von der Firma Basler in die moderne BT-67-Turbopropversion umgebaut wurde. Sie kam damals neu als Polar 5 unter kanadischer Lizenz als C-

GAWI zum Alfred-Wegener-Institut für Polarforschung (AWI) in Bremerhaven, wo wir sie auch Probe flogen, vor ihrem Einsatz in Polargebieten. 2022 war ich dann in Oshkosh/Wisconsin/USA im Basler-Werk. Extrem spannend, wie heruntergekommene DC-3-Wracks da als nagelneue Flugzeuge wieder herauskommen. Das Muster ist auch heute in seiner Universalität nicht zu ersetzen für bestimmte Aufgaben, daher lohnt sich für Basler das Geschäft der Umwandlung. Am 22. Juli 2023 hatte ich noch mal ein großartiges DC-3-Erlebnis am Flughafen Lübeck, von wo ich mit der PH-PBA der Dutch Dakota Association einen 22-minütigen Rundflug machen durfte, bevor der rüstige Veteran dann leider 2024 stillgelegt wurde.

Douglas DC-6

DC-6 oder Super Connie? Das war für viele nach dem Krieg wieder erstandene Airlines die Frage. Viele europäische Airlines wie KLM, Sabena, Swissair oder SAS entschieden sich für die Viermotorige von Douglas, vor allem für Transatlantikflüge. Damit wurde die DC-6 zu einem der Klassiker der Kolbenmotor-Ära. Und ihr Design war langlebig, was man schon daran sieht, dass sie bis heute als Frachtflugzeug bei Everts Air aus Fairbanks in Alaska fliegt. Dort war ich mehrfach, durfte am Boden auch ins Cockpit und war beeindruckt, wenn ich die alten Arbeitspferde dann starten und landen sah wie in den fünfziger Jahren. Mein Traum eines Mitflugs erfüllte sich 2009, allerdings luxuriöser und viel näher an zu Hause: Der Getränkehersteller Red Bull betreibt seit 2004 die 1958 als letzte jemals gebaute DC-6 hergestellte OE-LDM, die zuvor drei Jahre lang von Grund auf erneuert und restauriert wurde. An Bord verfügt sie über eine luxuriöse Salonkabine, und ich war am 10. Mai 2009 eingeladen, einen Rundflug von Bremen zum Hamburger Hafengeburtstag und wieder zurück zu machen. Das Vergnügen dauerte 47 Minuten, auf dem linken Sitz im Cockpit saß ein Pilot, der normalerweise Airbus-Langstrecken bei Lufthansa flog. Ich war extrem beeindruckt, wie agil er die riesige DC-6 über der Elbphilharmonie in Hamburg in eine Steilkurve zog, fast wie beim Kunstflug, einigen Kindern an Bord wurde schlecht, ich fand es toll.

© Andreas Spaeth

Typ: Kolbenmotor-Passagier- u. Transportflugzeug
Hersteller/Herkunft: Douglas Aircraft Company, Santa Monica, Kalifornien/USA
Erstflug: 15. Februar 1946
Indienststellung: November 1946
Produktionszeit: 1946 - 1958
Anzahl gebaut: 704
Länge: 32,18 Meter (Daten für DC-6B)
Spannweite: 35,81 Meter
Reichweite: 7600 Kilometer
Reisegeschwindigkeit: 507 km/h
Sitze (typisch/maximal): 42/89

Iljuschin IL-76

Die bullig wirkende Iljuschin Il-76 ist der Klassiker der sowjetischen und heute russischen Militärtransportlogistik. Angesiedelt ist sie zwischen den amerikanischen Pendants C141 Starlifter und C17 Globemaster. Betrieben wird sie auch für zivile Zwecke, bei kommerziellen Luftfrachtunternehmen und für Spezialaufgaben. Einer solchen verdanke ich meinen bisher einzigen Mitflug in der Il-76, und die Umstände waren sehr speziell. Während der zweiten ILA-Luftfahrtschau in Berlin 1994 wollte das damals klamme Russland der europäischen Raumfahrtagentur ESA ihre Dienstleistungen verkaufen, etwa bei Parabelflügen. Seit 1986 betrieb das Juri Gagarin-Kosmonauten-Trainingszentrum in Sternenstädtchen bei Moskau als sogenannten „Kotzbomber“ eine umgerüstete Frachtmaschine vom Typ Iljuschin-76, um damit Astronauten auf Parabelflügen in echter Schwerelosigkeit zu trainieren. Die Iljuschin Il-76 MDK (MD steht dabei für Militär, K für Kosmos) mit dem Kennzeichen RA-78770 ist unter den wenigen weltweit für diese Art von Missionen ausgelegten Flugzeugen jenes mit den großzügigsten Dimensionen: 34 Meter Kabinenlänge und vor allem 3,40 Meter Deckenhöhe gewähren den Schwerelosen ausreichend Freiraum zum Schweben. Bis zu 26 Passagiere konnten in der Kabine mit-

© Andreas Spaeth

Typ: Schweres Jet-Transportflugzeug
Hersteller/Herkunft: Iljuschin, Moskau/Sowjetunion; Aviastar-SP, Uljanowsk/Russland
Erstflug: 25. März 1971
Indienststellung: Juni 1974
Produktionszeit: 1971 bis heute
Anzahl gebaut: 975
Länge: 46,59 Meter
Spannweite: 50,50 Meter
Reichweite: 4400 Kilometer
Reisegeschwindigkeit: 750 km/h
Sitze: k. A., max. 48 Tonnen Fracht

fliegen, in der keine Sitze standen. Bevor ein Serienflugzeug für Parabelflüge eingesetzt werden kann, sind umfangreiche Umbauten notwendig: Der Rumpf muss verstärkt werden, vor allem auch die Aufhängung der Tragflächen und Triebwerke. Dazu sind Treibstoff-, Öl- und Hydraulikpumpen den besonderen Bedingungen der Schwerelosigkeit anzupassen. Bei der Il-76MDK führte das zu einem erhöhten Startgewicht von 190 Tonnen, 20 Tonnen mehr als üblich. Die hochgezüchteten Triebwerke waren so laut, dass sie auf zivilen Flughäfen in Deutschland schon 1994 nicht starten durften - daher nutzte unser Flug die gerade zuvor von Russland an das vereinigte Deutschland zurückgegebene riesige Luftwaffenbasis Sperenberg bei Berlin. Aus 10.000 Meter Flughöhe flogen wir insgesamt 15 Parabeln, jeweils 4000 Meter Steigflug mit 47° Anstellwinkel - und dann einen ebenso tiefen Sturzflug. Das Resultat sind jeweils 28 Sekunden Schwerelosigkeit - und benutzte Spucktüten. Ein Abenteuer, das ich nie vergesse.

Lockheed Electra

„Cadillac der Lüfte" nannten Piloten die Lockheed Electra: Ein klassischer Airliner der sechziger Jahre mit vier Turboprop-Motoren, das einzige große amerikanische Turboprop-Verkehrsflugzeug. Die Dimensionen und Leistungen der Electra - große Fenster, geräumige Kabine, ihre Geschwindigkeit und Steigfähigkeit - erreichte kein anderes Propellerflugzeug. Die Electra war mit ihren riesigen Propellern und kurzen Flügeln übermotorisiert, was sie auf Kurzstrecken manchmal Jets überholen ließ und ihr gerade auf kurzen Pisten oder hoch gelegenen Flughäfen eine Performance sicherte, die Jets oft nicht erreichen. So wurde sie etwa von Varig in Brasilien auf den kurzen Bahnen der Stadtflughäfen von Rio und São Paulo eingesetzt und vor allem in Alaska. Hier, wie bei so vielen anderen sonst schon als museumsreif eingestuften Flugzeugen, flog sie am längsten auch noch Passagiere bis Ende 2000. Nur ein halbes Jahr zuvor hatte ich am 30. Mai 2000 das riesige Glück, gerade in Alaska zu sein, um einen Linienflug des letzten Betreibers Reeve Aleutian Airways in der Electra mitzumachen. Die Gesellschaft bot Enthusiasten für 100 Dollar einen eigenen „Farewell Electra"-Standby-Tarif an. Mit dem Methusalem unter der Reeve-Electra-Flotte ging es für mich so von Anchorage auf Flug RV183 nach Sand Point in 1:54 Stunden und dann gleich in 1:35 Stunden wieder zurück. Die Lockheed L-188PF mit dem Kennzeichen N178RV hatte ihren Erstflug am 10. Dezember 1959 - mit 76.836 Flugstunden war das eingesetzte Flugzeug eine der am stärksten genutzten Electras überhaupt. Und

© Dirk Grothe

Typ: Turboprop-Verkehrsflugzeug
Hersteller/Herkunft: Lockheed Corporation, Burbank, Kalifornien/USA
Erstflug: 6. Dezember 1957
Indienststellung: 12. Januar 1959
Produktionszeit: 1957 - 1961
Anzahl gebaut: 170
Länge: 31,85 Meter
Spannweite: 30,18 Meter
Reichweite: 4460 Kilometer
Reisegeschwindigkeit: 600 km/h
Sitze (typisch/maximal): 74/104

mein erster und letzter Electra-Roundtrip fühlte sich wahrlich an wie eine Zeitreise.

Tupolew Tu-134

© Rainer Ziegowski

Der 1. Dezember 1989 war ein besonderer Tag, mein erster Trip in die DDR nach dem Mauerfall kaum drei Wochen zuvor. Morgens war ich von München mit Lufthansa erstmals nach Leipzig geflogen, wurde dann im Interflug-Lada über holprige Autobahnen nach Dresden gebracht. Dort kam ich dann zu meinem ersten und einzigen Flug in der Tu-134, dem Standardflieger für kurze Mittelstrecken in den damaligen Ostblockstaaten, der mit 19 Flugzeugen auch bei Interflug der meistgenutzte Jet war. In der Tu-134A DDR-SCX ging es dann mit einem Umweg über die Ostsee (die innerdeutsche Grenze durfte noch nicht überflogen werden) in 1:14 Stunden in meine Heimat Hamburg, wo uns bei Ankunft ein großer Bahnhof auf dem Vorfeld erwartete. Die Tu-134A mit gläserner Nase und offenen Handgepäckfächern plus freundlichem Bordservice mit Rotkäppchen-Piccolos und Wurstbrot war damals schon ein Vorgeschmack von Ostalgie.

Typ: Zweistrahliges Kurzstreckenflugzeug
Hersteller/Herkunft: OKB Tupolew, Moskau; Charkiw State Aircraft, Charkiw/Sowjetunion
Erstflug: 29. Juli 1963
Indienststellung: 9. September 1970
Produktionszeit: 1966 - 1989
Anzahl gebaut: 854
Länge: 37,05 Meter (Daten für Tu-133A)
Spannweite: 29,01 Meter
Reichweite: 1900 - 3000 Kilometer
Reisegeschwindigkeit: 850 km/h
Sitze (typisch/maximal): 76/84

Hier bin ich auch noch mitgeflogen

Antonow An-24

Meine einzige Flugerfahrung mit der sowjetischen Standard-Turboprop, die ziemlich unverwüstlich 44 Passagiere auch in die letzten Winkel des Riesenreichs transportierte, war ein besonderer Zubringer. Ende Juli 1990 mit einer Antonow An-24 der Aeroflot von Rovaniemi in Nordfinnland ins sowjetische Murmansk nördlich des Polarkreises in der russischen Arktis und nach einer Fahrt zum Nordpol mit dem Atomeisbrecher Mitte August wieder zurück nach Finnland. Die Antonow ist mir vor allem als innen laut und eng in Erinnerung geblieben.

Beechcraft 1900

Der zweimotorige Mini-Airliner macht optisch mehr her als andere 19-Sitzer, ist mit fast 700 gebauten Exemplaren vermutlich aber nicht deswegen eines der erfolgreichsten Flugzeuge dieser Klasse. Ich bin damit im Westen der USA und Kanadas sowie in Neuseeland auf Regionalflügen unterwegs gewesen.

Britten-Norman Islander

Klein, aber oho - die neunsitzige Islander ist seit 1965 bis heute in Produktion und mit fast 1300 verkauften Exemplaren eines der erfolgreichsten in Europa gebauten Flugzeuge. Und Inselverkehr ist in der Tat ihre große Stärke - ich bin damit schon auf kürzesten Pisten gelandet in Helgoland oder auf Rottnest Island in Westaustralien. Vor allem aber habe ich darin 2017 bei Loganair den kürzesten Linienflug der Welt absolviert, auf den schottischen Orkneyinseln: In nur 66 Sekunden Flug ging es über die 2800 Meter Luftlinie zwischen den Inseln Westray und Papa Westray. Dafür gibt es sogar eine Urkunde.

DHC Dash 7

Die viermotorige Turboprop aus Kanada war im Prinzip eine vergrößerte Twin Otter mit der doppelten Zahl an Triebwerken. Damit war der 50-Sitzer extrem agil und besaß hervorragende Kurzstart- und Landeeigenschaften, so kam er etwa nach London City oder in die Alpen zum

Einsatz auf Flugplätze mit steilen Anflugwinkeln. Ich bin damit oft bei Widerøe in Nordnorwegen und bei Greenlandair in Grönland zu abgelegenen Orten mit kurzen Pisten geflogen.

Dornier Do 228

In der Turboprop aus Oberpfaffenhofen habe ich schon ganz früh erstmals mitfliegen dürfen, als sie Anfang der achtziger Jahre auf der ILA-Luftfahrtschau damals noch in Hannover präsentiert wurde. Als findiger Schülerredakteur habe ich irgendwie so oft gefragt, bis ich schließlich auf einem Vorführflug mitdurfte. An der Do 228 ist irgendwie alles eckig - der Rumpf sieht aus wie eine Zahnpasta-Schachtel und

© Joachim Schreiber

auch die Fenster sind quadratisch. Die Do 228 wird nach endlosen Besitzerwechseln heute noch gebaut. Ich bin damit zuletzt 2015 in Island herumgeflogen im Forschungsflugzeug D-CFFU des Deutschen Zentrums für Luft- und Raumfahrt (DLR), die Kabine vollgestopft mit Messinstrumenten.

Embraer EMB 120 Bandeirante

Heute ist Embraer mit den E-Jets eine wichtige Größe im Weltluftverkehr. Begonnen hat die Tätigkeit des brasilianischen Staatskonzerns in der Luftfahrt mit der EMB 110 Bandeirante (wörtlich: Bannerträger portugiesischer Expeditionstrupps im 17. Jahrhundert, gesprochen „banderantschi"), eines 18-Sitzers, der 1973 auf den Markt kam. Ich flog damit einmal auf einem Zubringerflug in Neuseeland und fand es verdammt eng an Bord. Heute steht eine Bandeirante quasi als Denkmal vor dem Embraer-Hauptwerk in São José dos Campos bei São Paulo, um den Angestellten vor Augen zu führen, wie bescheiden alles begann.

© Joachim Schreiber

Fokker F27/Fokker 50

Von der zweimotorigen Turboprop F27 Friendship wurden zwischen 1955 und 1987 fast 600 gebaut, sie war einer der erfolgreichsten europäischen Flugzeuge jener Zeit und das meistgebaute aus den Niederlanden. Als ich damit ab Mitte der achtziger Jahre flog, waren viele F27 allerdings schon sehr in die Jahre gekommen. Ich erinnere mich an einen Flug auf den Komoren im Indischen Ozean im Juli 1993 von einer Insel zur anderen, die alte Fokker F27 der Air Comoros war wirklich abgerockt und innen in schlechtem Zustand, wir kamen trotzdem heil an, die F27 war unverwüstlich. Auch bei Lufthansa-Regionaltochter DLT sowie SAS flogen damals etwas modernere F27 innerhalb Deutschlands und Europas. 1987 folgte ihr die mit neuen Triebwerken versehene Fokker 50, die leiser war und ein Glascockpit und Jet-Look in der Kabine bot. Auch damit flog ich öfter bei DLT, aber auch der belgischen VLM zwischen Rotterdam und Hamburg.

Fokker 70

Die Fokker 70 war ab 1994 die verkürzte Version der weitgehend baugleichen Fokker 100, der 80-Sitzer flog unter anderem bei KLM, der damaligen ungarischen Malèv und Austrian, bei denen ich damit unterwegs war. Ein angenehmes Flugzeug mit relativ hohem Triebwerkssound, von dem wegen der Fokker-Pleite 1996 nur 48 Stück gebaut wurden.

British Aerospace Jetstream 31

Die Jetstream ist eine 19sitzige Turboprop mit Druckkabine, von der zwischen 1980 und 1993 über 380 gebaut wurden. Ich bin damit 1990 einmal geflogen mit Contactair, die im Auftrag der Lufthansa mit der Jetstream von München nach Toulouse verkehrte. Es war furchtbar eng, da half auch mein Business- Class-Ticket wenig. Besonders ungewöhnlich und nervig: In der Mitte verläuft der Tragflächenholm quer am Boden, ein echter Stolperstein. Kein Wunder, dass sich Geschäftsreisende beschwerten, die teure

© Lufthansa

Tickets gekauft hatten und sich dann zweitklassig bedient vorkamen.

Junkers Ju 52/3m

Das Lufthansa-Traditionsflugzeug D-AQUI, tatsächlich als D-CDLH registriert, wurde 1936 gebaut und kam nach langer Odyssee zurück nach Deutschland. Hier flog sie in ihrem letzten aktiven Lebensabschnitt von 1986 bis 2019 zahlende Gäste auf Nostalgie-Rund- und Streckenflügen, insgesamt über 250.000 in dieser Zeit. Der Wellblech-Klassiker ist zumindest in Europa so ikonisch wie kein anderes Flugzeug, jeder kennt den Kosenamen „Tante Ju“ und kann damit was verbinden. Ich war bereits 1990 eingeladen, mit der D-AQUI auf der weltgrößten Luftfahrtschau in Oshkosh/Wisconsin zu sein, musste aber leider absagen. So dauerte es bis zum 29. Mai 1994, dass ich während der ILA einen Positionierungsflug in Berlin von Schönefeld nach Tempelhof mitmachen konnte, der nicht einmal sechs Minuten dauerte. Meine Begeisterung war geweckt, und 1997 konnte ich noch mal einen längeren Rundflug über München mitmachen. Am besten gefallen hat mir dabei neben dem gesamten Flair das in der hinteren Einstiegstür zu öffnende Fenster.

Let L-410 Turbolet

In unseren Breiten als Verkehrsflugzeug eher wenig vertreten, ist die tschechische Turbolet doch ein Evergreen, der seit 1970 und bis heute gebaut wird. Ursprünglich geht die 19sitzige Turboprop auf eine Ausschreibung von Aeroflot zurück, ein Großteil der bis heute rund 1200 gebauten Exemplare gingen auch in die Sowjetunion und später nach Russland. Beliebt ist sie als Flugzeug für Fallschirmspringer. Ich bin damit 2007 auf den Philippinen geflogen und war vor allem erstaunt über die massive Wand zum Cockpit, die vorn mitten in der Kabine steht, aber an beiden Seiten jeweils einen Spalt offenlässt, um den direkten Kontakt zwischen Piloten und Passagieren zu ermöglichen.

NAMC YS-11

Diese 64-sitzige Turboprop ist in der westlichen Welt ein absoluter Exot und ich schätze mich glücklich, einmal mitgeflogen zu sein. In Europa ist damit überhaupt seit der Einführung 1965 nur die griechische Olympic Airways unterwegs gewesen, die die YS-11 bis 1981 im Inselverkehr nutzte. Bis heute ist die Zweimotori-

© Dirk Grothe

ge das einzige Verkehrsflugzeug, das nach dem Krieg vollständig in Japan entwickelt und produziert wurde. Das wird nach dem Ende des 2023 gestoppten Regionaljets Mitsubishi Space Jet auch vorerst so bleiben. Mit nur 182 gefertigten Exemplaren gilt auch die YS-11 kommerziell als Flop. Mein einziger Flug mit diesem ziemlich mächtigen Flugzeug aus den Sechzigern datiert auf den 24. Februar 1997. Damals war ich mit Air Caribbean in der 9J-TIZ auf einem Inlands-Inselflug von Tobago nach Port of Spain auf Trinidad unterwegs, der gerade mal 18 Minuten dauerte.

Saab 340/2000

Auch die Schweden waren mal auf dem Markt für Passagierflugzeuge tätig, und die zweimotorige Turboprop Saab 340 für bis zu 34 Passagiere war dabei ziemlich erfolgreich: Zwischen 1983 und 1999 wurden 459 Exemplare gebaut. Hierzulande waren sie etwa bei Delta Air aus Friedrichshafen oder Air Bremen zu sehen, in der Schweiz bei Crossair. Ich bin damit zuletzt 2007 bei Loganair in Schottland geflogen. Ab 1994 wurde sie abgelöst vom größeren und moderneren Nachfolger Saab 2000, einer eleganten und schnellen Turboprop für bis zu 53 Passagiere. Größter Kunde war Crossair mit 34 Flugzeugen, die sie auf den Namen Concordino taufte. Ich mochte die Saab 2000 sehr, am 20. März 1995 war ich an Bord bei der ersten Auslieferung an die Deutsche BA. Während die strengen Schweden im Werk Linköping zu einer solchen Feierstunde nur alkoholfreie Getränke anboten, knallten an Bord der D-ADSA auf dem Flug nach Berlin-Tegel die Champagnerkorken. Auf dem 1:19 Stunden kurzen Flug fielen mir vor allem die kleinen Mikrofone und Lautsprecher in den Kabinenwänden auf, die dazu führten, dass der Motorenlärm nur deutlich gedämpft auf die Ohren traf. Unvergessen auch, wie die damals üppig auffahrende Crossair 1996 auf einem Flug von Hamburg nach Zürich in der Saab 2000 jedem Passagier in der Einheitskabine ein Döschen persischen Kaviars servierte, auch

© Archiv Spaeth

das konnte damals Regionalflug sein. Weil dann schnell die Regionaljets die Oberhand gewannen, wurden von der Saab 2000 bis 1999 nur 63 gebaut.

Shorts 360

Die 36sitzige Turboprop aus Nordirland ist für mich so ziemlich das hässlichste Flugzeug überhaupt, zu Recht spöttisch „fliegender Schuhkarton" genannt. Denn genauso eckig boxartig kommt die Shorts 360 daher. Was allerdings für Passagiere den immensen Vorteil hat, dass die Kabine überraschend geräumig ist und für die meisten Menschen zumindest im Gang volle Stehhöhe bietet, keine Selbstverständlichkeit in dieser Kategorie. Zwischen 1981 und 1991 wurden 165 der wenig schnittigen Flugzeuge gebaut. Meine praktische Erfahrung in der Shorts 360 beschränkt sich auf einen 15-Minuten-Inselhüpfer 2004 bei Air Seychelles in der S7-PAL von Praslin zur Hauptinsel Mahé.

Fairchild Swearingen Metroliner

Der Metroliner wurde in den späten sechziger Jahren in den USA für den aufkommenden Regionalverkehr konstruiert und verfügte über eine Druckkabine, damals bei 19-Sitzern nicht die Regel. Von außen sah die schlanke Metro auf ihren dürren, hohen Fahrwerken recht elegant aus. Für Passagiere war sie aber eine Zumutung, die Kabinenhöhe lag nur bei 1,45 Meter, man musste also gebückt auf seinen Platz kriechen und später aussteigen. Ich habe diese Tortur 1987 häufiger erlebt, als ich mit einem Standby-Pass von Delta Air Lines mit ihrer Regionaltochter Skywest in Kalifornien herumflog. Das war vor allem mit größerem Handgepäck fast unmöglich, das dann teilweise vom Piloten in der langen Nase in einem Gepäckfach verstaut wurde. In Deutschland und der Schweiz begannen die später großen Regionalgesellschaften NFD und Crossair mit der Metro ihre Liniendienste.

Weiterführende Links mit Textbezug

Concorde

https://www.zeit.de/2000/32/_und_keiner_hat_storniert

Boeing 747

https://www.museumofflight.org/exhibits-and-events/aircraft/boeing-747-121
https://speyer.technik-museum.de/de/boeing-747
https://www.jumbostay.com/

Airbus A380

https://www.instagram.com/samchui/reel/CbfVtdUqvhh/

BAC 1-11

https://flugforensik.de/2021/09/04/episode-1-das-wunder-von-hasloh/

Boeing 707

https://www.recaro-as.de/feel-performance/b707-tailfin-de.html

Concorde 1A

Typ:	Überschall-Verkehrsflugzeug
Hersteller/Herkunft:	Aérospatiale/Frankreich, British Aircraft Corporation/Großbritannien
Erstflug:	2. März 1969
Indienststellung:	21. Januar 1976
Produktionszeit:	1962 - 1979
Anzahl gebaut:	20
Länge:	62,13 m
Spannweite:	25,56 m
Reichweite:	6230 km
Reisegeschwindigkeit:	2190 km/h, Mach 2,02
Sitze (max./typisch):	131/100

Boeing 747 1B

Typ:	Vierstrahliges Großraumflugzeug
Hersteller/Herkunft:	Boeing Commercial Airplanes, Seattle/USA
Erstflug:	9. Februar 1969
Indienststellung:	22. Januar 1970 bei Pan Am
Produktionszeit:	1968 - 2023
Anzahl gebaut:	1574
Länge:	76,30 m (alle Daten für 747-8I)
Spannweite:	68,40 m
Reichweite:	14.815 km
Reisegeschwindigkeit:	933 km/h, Mach 0,855
Sitze(max./typisch):	605/467

Airbus A380 1C

Typ:	Vierstrahliges Großraumflugzeug
Hersteller/Herkunft:	Airbus, Toulouse/Frankreich
Erstflug:	27. April 2005
Indienststellung:	25. Oktober 2007
Produktionszeit:	2003 - 2021
Anzahl gebaut:	254
Länge:	72,72 m
Spannweite:	79,75 m
Reichweite:	14.800 km
Reisegeschwindigkeit:	903 km/h
Sitze (typisch/max.):	500/853

Boeing 777 1D

Typ:	Zweistrahliges Großraumflugzeug
Hersteller/Herkunft:	Boeing Commercial Airplanes, Seattle/USA
Erstflug:	12. Juni 1994
Indienststellung:	7. Juni 1995
Produktionszeit:	1994 bis heute
Anzahl gebaut:	1740 bis Ende 2024
Länge (alle Daten für 777-300ER):	73,86 m
Spannweite:	64,80 m
Reichweite:	13.649 km
Reisegeschwindigkeit:	892 km/h
Sitze (typisch/max.):	365/550

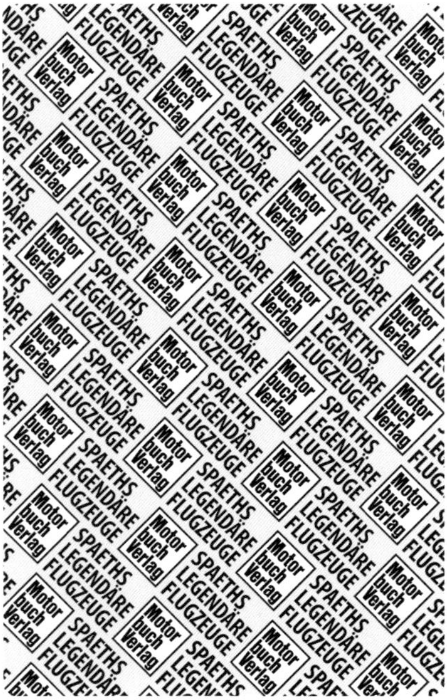
SPAETHS
LEGENDÄRE
FLUGZEUGE
Motor
buch
Verlag

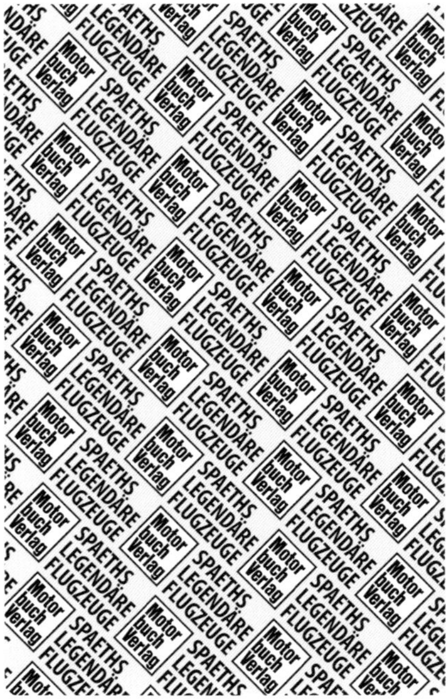
SPAETHS
LEGENDÄRE
FLUGZEUGE
Motor
buch
Verlag

SPAETHS
LEGENDÄRE
FLUGZEUGE
Motor
buch
Verlag

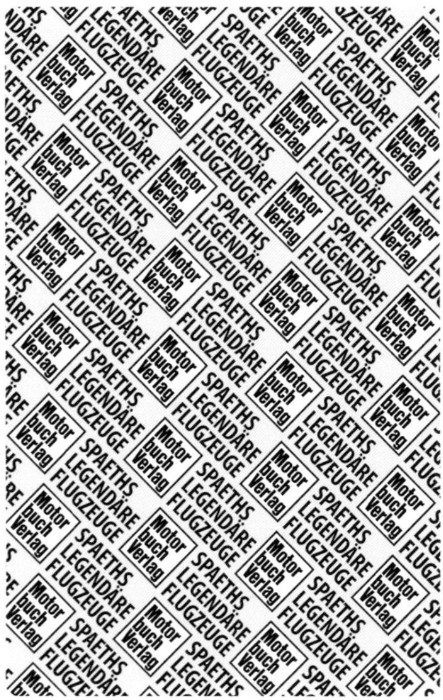
SPAETHS
LEGENDÄRE
FLUGZEUGE
Motor
buch
Verlag

Airbus A319	2A
Typ:	Zweistrahliges Schmalrumpfflugzeug
Hersteller/Herkunft:	Airbus, Toulouse/ Frankreich
Erstflug:	25. August 1995
Indienststellung:	25. April 1996
Produktionszeit:	1994 bis heute (A319neo)
Anzahl gebaut:	1543 (bis Ende 2024, davon 57 A319neo)
Länge:	33,84 m
Spannweite:	35,80 m
Reichweite:	6940 km
Reisegeschwindigkeit:	871 km/h, Mach 0,82
Sitze (typisch/max.):	134/150 bzw.160

SE210 Caravelle	2B
Typ:	Zweistrahliges Verkehrsflugzeug
Hersteller/Herkunft:	Sud Aviation, Toulouse/Frankreich
Erstflug:	27. Mai 1955
Indienststellung:	6. Mai 1959
Produktionszeit:	1958 bis 1972
Anzahl gebaut:	282
Länge:	32,01 m (Caravelle 10R)
Spannweite:	34,30 m
Reichweite:	2650 km (Caravelle 10R)
Reisegeschwindigkeit:	800 km/h
Sitze (typisch/max.):	100/140

DC-9/MD-80/Boeing 717	2C
Typ:	Zweistrahliger Schmal-rumpf-Passagierjet
Hersteller/ Herkunft:	Douglas Aircraft Company, Long Beach, Kalifornien/USA
Erstflug:	25. Februar 1965
Indienststellung:	8. Dezember 1965
Produktionszeit:	1965 - 1982 (DC-9), 1979 - 1999 (MD-80), 1998 - 2006 (Boeing 717)
Anzahl gebaut:	DC-9: 976, MD-80: 1191, Boeing 717: 156
Länge:	45,10 m (alle Daten für MD-82)
Spannweite:	32,80 m
Reichweite:	3798 km
Reisegeschwindigkeit:	811 km/h
Sitze (typisch/max.):	155/172

BAC 1-11	2D
Typ:	Zweistrahliges Schmalrumpfflugzeug mit T-Leitwerk
Hersteller/Herkunft:	British Aircraft Corporation, Großbritannien
Erstflug:	20. August 1963
Indienststellung:	9. April 1965
Produktionszeit:	1963 - 1981
Anzahl gebaut:	244
Länge:	32,61 m (alle Daten für BAC 1-11-500)
Spannweite:	28,50 m
Reichweite:	3484 km
Reisegeschwindigkeit:	790 km/h
Sitze (typisch/max.):	98/119

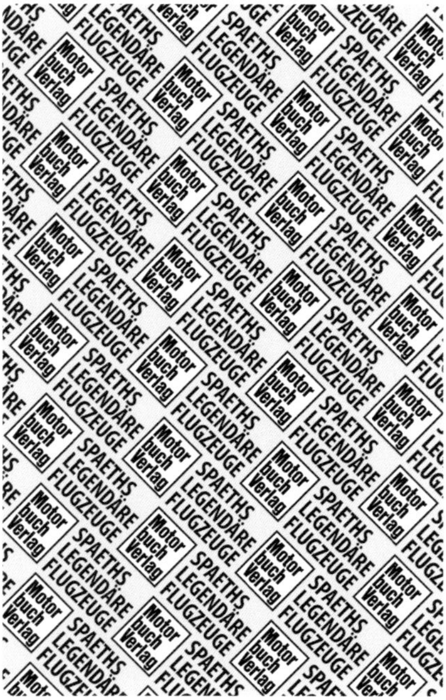
Motor
buch
Verlag
SPAETHS
LEGENDÄRE
FLUGZEUGE

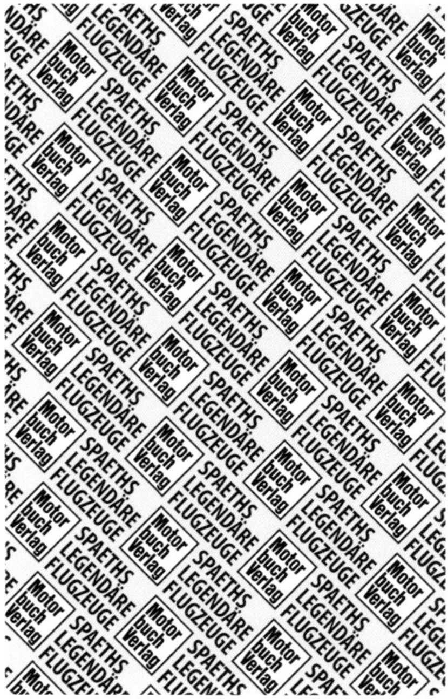
Motor
buch
Verlag
SPAETHS
LEGENDÄRE
FLUGZEUGE

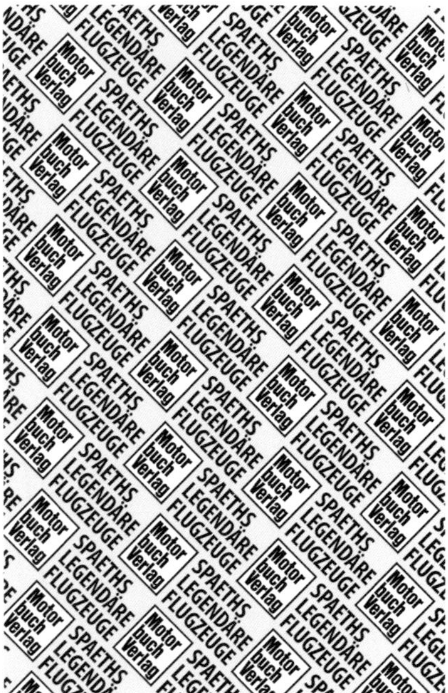
Motor
buch
Verlag
SPAETHS
LEGENDÄRE
FLUGZEUGE

Motor
buch
Verlag
SPAETHS
LEGENDÄRE
FLUGZEUGE

McDonnell Douglas DC-8 — 3A

Typ:	Vierstrahliges Schmalrumpf-Langstreckenflugzeug
Hersteller/Herkunft:	Douglas Aircraft Company (ab 1967 McDonnell Douglas), Long Beach, Kalifornien/USA
Erstflug:	30. Mai 1958
Indienststellung:	18. September 1959
Produktionszeit:	1958 - 1972
Anzahl gebaut:	556
Länge:	57,10 m (alle Daten für DC-8-63)
Spannweite:	45,20 m
Reichweite:	7400 km
Reisegeschwindigkeit:	895 km/h
Sitze (typisch/max.):	249/259

Boeing 707 — 3B

Typ:	Vierstrahliges Langstreckenflugzeug mit Schmalrumpf
Hersteller/Herkunft:	Boeing, Seattle/USA
Erstflug:	20. Dezember 1957
Indienststellung:	26. Oktober 1958 bei Pan Am
Produktionszeit:	1957 bis 1982 (zivile Version)
Anzahl gebaut:	1010 (alle Versionen)
Länge:	46,61 m (alle Daten für 707-300)
Spannweite:	43,40 m
Reichweite:	8700 km
Reisegeschwindigkeit:	870 km/h, Mach 0,84
Sitze (max./typisch):	219/141

Airbus A300/A310 — 3C

Typ:	Zweistrahliges Großraumflgzg.
Hersteller/ Herkunft:	Airbus Industrie, Toulouse/Frankreich
Erstflug:	A300: 28. Oktober 1972, A310: 3. April 1982
Indienststellung:	A300: 30. Mai 1974, A310: April 1983
Produktionszeit:	A300: 1972 - 2007, A310: 1981 - 1998
Anzahl gebaut:	A300: 561, A310: 255
Länge:	A300: 53,62 m (A300B4), A310: 46,66 m
Spannweite:	A300: 44,84 m, A310: 43,90 m
Reichweite:	A300: 5375 km (A300B4), A310: 9540 km (A310-300)
Reisegeschwindigkeit:	A300: 847 km/h, A310: 850 km/h
Sitze (typisch/ max.):	A300: 280/345, A310: 243/275

Boeing 787 — 3D

Typ:	Zweistrahliges Großraumflugzeug
Hersteller/Herkunft:	Boeing Commercial Airplanes, Seattle/USA
Erstflug:	15. Dezember 2009
Indienststellung:	28. Oktober 2011 (bei ANA als 787-8)
Produktionszeit:	2009 bis heute
Anzahl gebaut:	1161 bis Ende 2024
Länge:	56,70 m (787-8) - 68,40 m (787-10)
Spannweite:	60,10 m
Reichweite:	11.730 km (787-10) - 14.010 km (787-9)
Reisegeschwindigkeit:	903 km/h, Mach 0,85
Sitze (max./typisch):	242/381 (787-8) - 330/440 (787-10)

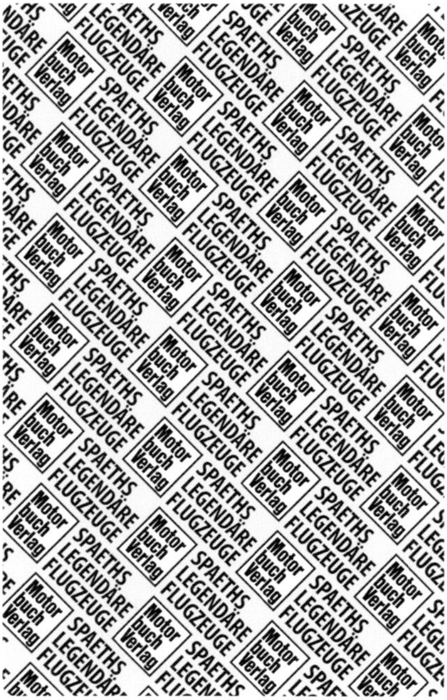
SPAETHS
LEGENDÄRE
FLUGZEUGE
Motor
buch
Verlag

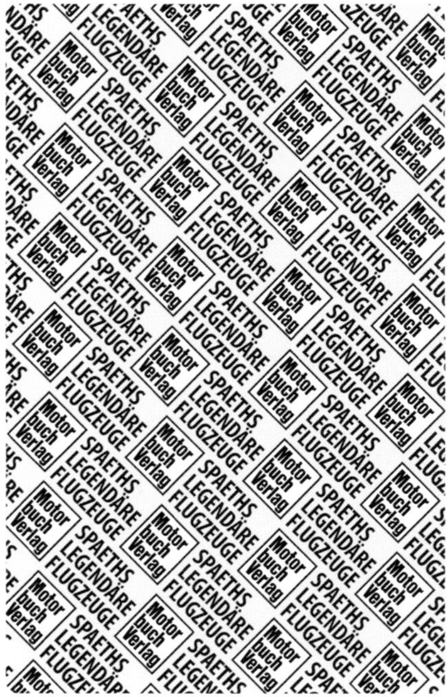
SPAETHS
LEGENDÄRE
FLUGZEUGE
Motor
buch
Verlag

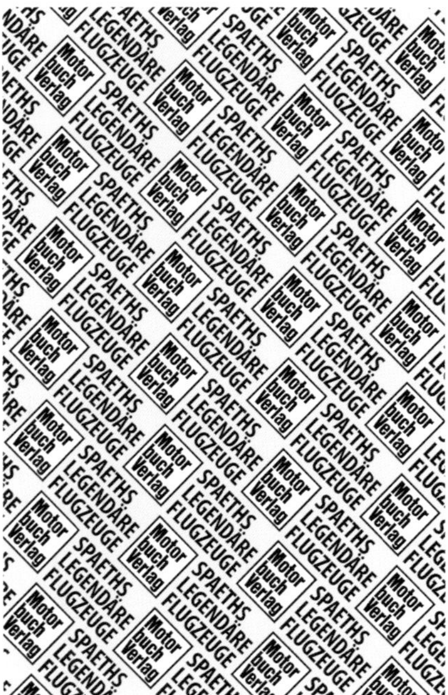
SPAETHS
LEGENDÄRE
FLUGZEUGE
Motor
buch
Verlag

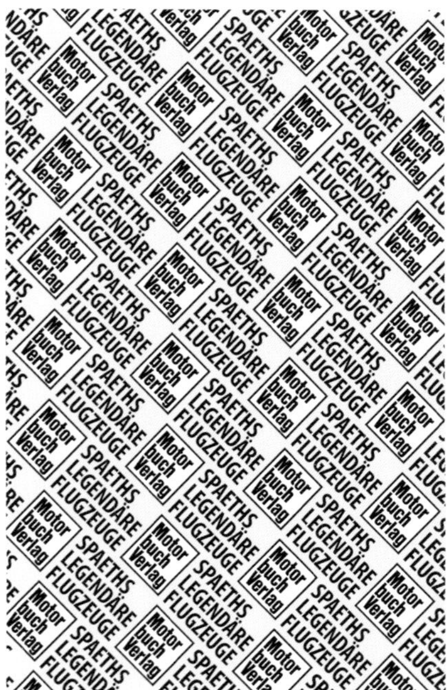
SPAETHS
LEGENDÄRE
FLUGZEUGE
Motor
buch
Verlag

Douglas DC-4 4A

Typ:	Viermotoriges Kolbenmotorflugzeug
Hersteller/Herkunft:	Douglas Aircraft Company, Santa Monica/USA
Erstflug:	7. Juni 1938 (DC-4E), 14. Februar 1942 (DC-4/C-54)
Indienststellung:	1942
Produktionszeit:	1942 - 1947
Anzahl gebaut:	1244, davon 79 zivile DC-4
Länge:	28,60 m
Spannweite:	35,81 m
Reichweite:	4023 km
Reisegeschwindigkeit:	365 km/h
Sitze (typisch/max.):	56/86

Lockheed L-1049G Super Constellation 4B

Typ:	Kolbenmotor-Langstrecken-flugzeug
Hersteller/Herkunft:	Lockheed, Burbank, Kalifornien/USA
Erstflug:	13. Oktober 1950
Indienststellung:	17. Dezember 1951
Produktionszeit:	1951 - 1958
Anzahl gebaut:	579
Länge:	34,60 m
Spannweite:	37,50 m
Reichweite:	6486 km
Reisegeschwindigkeit:	482 km/h
Sitze (typisch/max.):	76/99

ATR-42/-72 4C

Typ:	Turboprop-Regionalverkehrsflugzeug
Hersteller/Herkunft:	Avions de Transport Régional (ATR), Toulouse/Frkr.
Erstflug:	ATR-42: 16. August 1984, ATR-72: 27. Oktober 1988
Indienststellung:	ATR-42: 3. Dezember 1985, ATR-72: 27. Oktober 1989
Produktionszeit:	ATR-42: 1984 bis heute, ATR-72: 1988 bis heute
Anzahl gebaut:	ATR-42: 503, ATR-72: 1234
Länge:	ATR-42:22,67 m, ATR-72: 27,17 m
Spannweite:	ATR-42: 25,57 m, ATR-72: 27,05 m
Reichweite:	ATR-42: 1300 km, ATR-72: 1400 km
Reisegeschwindigkeit:	ATR-42: 556 km/h, ATR-72: 510 km/h
Sitze (typisch/max.):	ATR-42: 50, ATR-72: 66/72

DHC Twin Otter 4D

Typ:	Turboprop-Zubringerflugzeug
Hersteller/Herkunft:	de Havilland Canada, Viking Air/Kanada
Erstflug:	20. Mai 1965
Indienststellung:	1966
Produktionszeit:	1965 - 1988, 2008 bis heute
Anzahl gebaut:	990 (2022)
Länge:	15,77 m
Spannweite:	19,81 m
Reichweite:	1400 km
Reisegeschwindigkeit:	337 km/h
Sitze (typisch/max.):	19/20

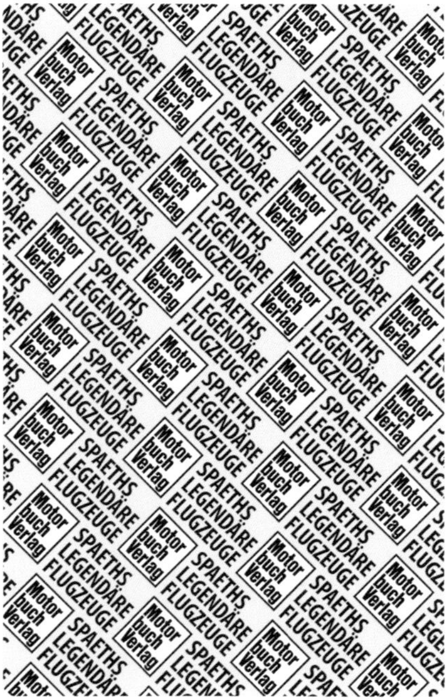
SPAETHS
LEGENDÄRE
FLUGZEUGE
Motor buch Verlag

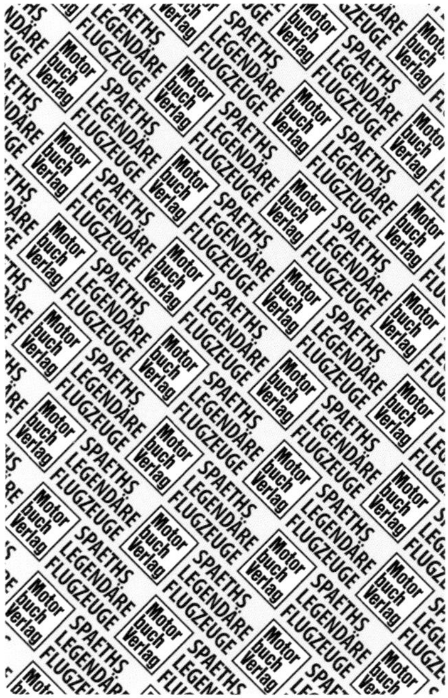
SPAETHS
LEGENDÄRE
FLUGZEUGE
Motor buch Verlag

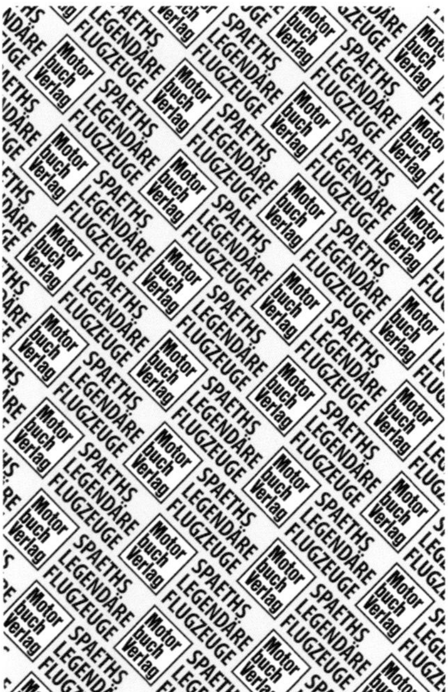
SPAETHS
LEGENDÄRE
FLUGZEUGE
Motor buch Verlag

SPAETHS
LEGENDÄRE
FLUGZEUGE
Motor buch Verlag

Embraer E-Jets 5A

Typ:	Zweistrahliges Kurzstreckenflugzeug
Hersteller/Herkunft:	Embraer, São José dos Campos/Brasilien
Erstflug:	19. Februar 2002
Indienststellung:	17. März 2004
Produktionszeit:	2001 bis heute
Anzahl gebaut:	1700
Länge:	29,90 m (alle Werte für Basismodell E170)
Spannweite:	26,01 m
Reichweite:	4000 km
Reisegeschwindigkeit:	797 km/h
Sitze (typisch/max.):	66/78

Airbus A220 5B

Typ:	Zweistrahliges Verkehrsflugzeug
Hersteller/Herkunft:	Bombardier/Airbus Canada, Montréal-Mirabel/Kanada
Erstflug:	16. September 2013
Indienststellung:	15. Juli 2016 bei Swiss (CS100)
Produktionszeit:	2013 bis heute
Anzahl gebaut:	905 bis Ende 2024
Länge:	35 m (A220-100), 38,71 m (A220-300)
Spannweite:	35,10 m
Reichweite:	6390 km (A220-100), 6700 km (A220-300)
Reisegeschwindigkeit:	829 - 871 km/h
Sitze (max./typisch):	120/135 (A220-100), 150/160 (A220-300)

Bombardier CRJ-Serie 5C

Typ:	Regionaljet
Hersteller/Herkunft:	Bombardier Aviation, Montréal/Kanada
Erstflug:	10. Mai 1991
Indienststellung:	19. Oktober 1992
Produktionszeit:	1991 - 2020
Anzahl gebaut:	2023 (inklusive Business-Jets)
Länge:	26,77 m (alle Werte für CRJ200)
Spannweite:	21,23 m
Reichweite:	2491 km
Reisegeschwindigkeit:	830 km/h
Sitze:	50

British Aerospace BAe 146/Avro RJ 5D

Typ:	Vierstrahliges Schmalrumpfflugzeug
Hersteller/Herkunft:	Hawker Siddely/ British Aerospace, Hatfield/Großbritannien
Erstflug:	3. September 1981
Indienststellung:	Mai 1983
Produktionszeit:	1981 - 2003
Anzahl gebaut:	387
Länge:	28,55 m (alle Daten für BAe 146-200/Avro RJ85)
Spannweite:	26,34 m
Reichweite:	2600 km
Reisegeschwindigkeit:	747 km/h
Sitze (typisch/max.):	85/100

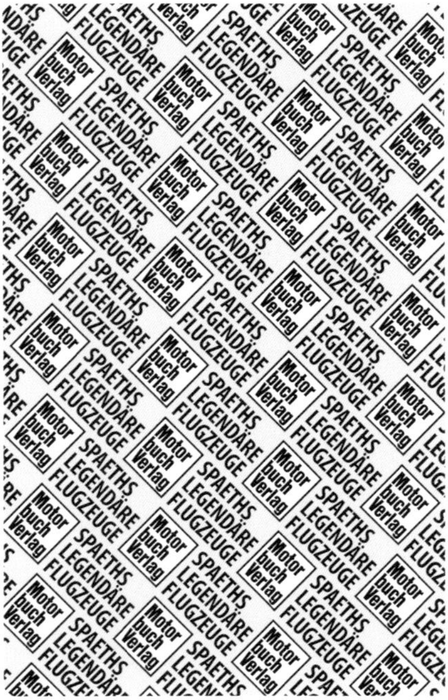
SPAETHS
LEGENDÄRE
FLUGZEUGE
Motor
buch
Verlag

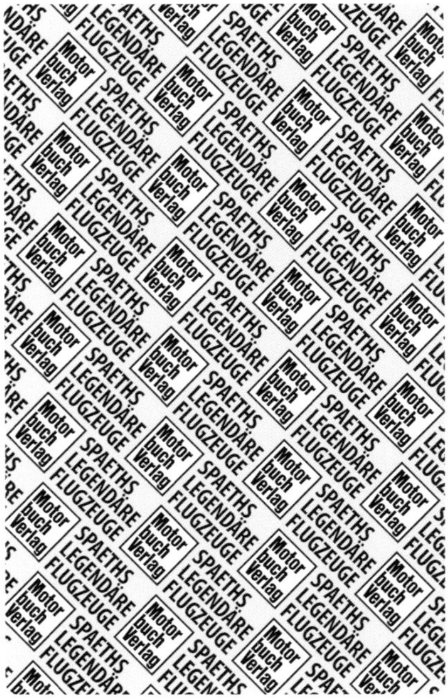
SPAETHS
LEGENDÄRE
FLUGZEUGE
Motor
buch
Verlag

SPAETHS
LEGENDÄRE
FLUGZEUGE
Motor
buch
Verlag

SPAETHS
LEGENDÄRE
FLUGZEUGE
Motor
buch
Verlag

McDonnell Douglas DC-10/MD-11 6A

Typ:	Dreistrahliges Großraumflugzeug
Hersteller/ Herkunft:	McDonnell Douglas, Long Beach, Kalifornien/USA
Erstflug	DC-10: 28. August 1970, MD-11: 10. Januar 1990
Indienststellung:	DC-10: 5. August 1971, MD-11: 20. Dezember 1990
Produktionszeit:	DC-10: 1968 - 1988, MD-11: 1988 - 2000
Anzahl gebaut:	DC-10: 386 Zivil- und 60 Militärversionen, MD-11: 200
Länge:	55,06 m (DC-10-30), MD-11: 61,60 m (m. GE-Triebwerken)
Spannweite:	DC-10: 50,39 m, MD-11: 51,97 m
Reichweite:	DC-10: 7400 km, MD-11: 12.455km
Reisegeschwindigkeit:	DC-10: 965 km/h, MD-11: 886 km/h
Sitze (typ./max.)	DC-10: 265/380, MD-11: 298/410

Lockheed L1011 TriStar 6B

Typ:	Dreistrahliges Großraumflugzeug
Hersteller/Herkunft:	Lockheed Corporation, Burbank, Kalifornien/ USA
Erstflug:	16. November 1970
Indienststellung:	26. April 1972
Produktionszeit:	1970 - 1984
Anzahl gebaut:	250
Länge:	54,17 m
Spannweite:	47,35 m
Reichweite:	6667 km
Reisegeschwindigkeit:	954 km/h
Sitze (typisch/max.):	256/400

Airbus A340 6C

Typ:	Vierstrahliges Großraumflugzeug
Hersteller/Herkunft:	Airbus, Toulouse/Frankreich
Erstflug:	25. Oktober 1991
Indienststellung:	15. März 1993
Produktionszeit:	1991 - 2011
Anzahl gebaut:	380
Länge:	63,60 m (alle Daten für A340-300)
Spannweite:	60,30 m
Reichweite:	13.350 km
Reisegeschwindigkeit:	880 km/h
Sitze (typisch/max.):	335/440

Boeing 727 6D

Typ:	Dreistrahliges Schmalrumpfflugzeug
Hersteller/Herkunft:	Boeing Commercial Airplanes, Seattle/USA
Erstflug:	6. Februar 1963
Indienststellung:	1. Februar 1964
Produktionszeit:	1963 - 1984
Anzahl gebaut:	1832
Länge:	46,69 m (alle Daten für 727-200)
Spannweite:	32,92 m
Reichweite:	4020 km
Reisegeschwindigkeit:	965 km/h
Sitze (typisch/max.):	146/189

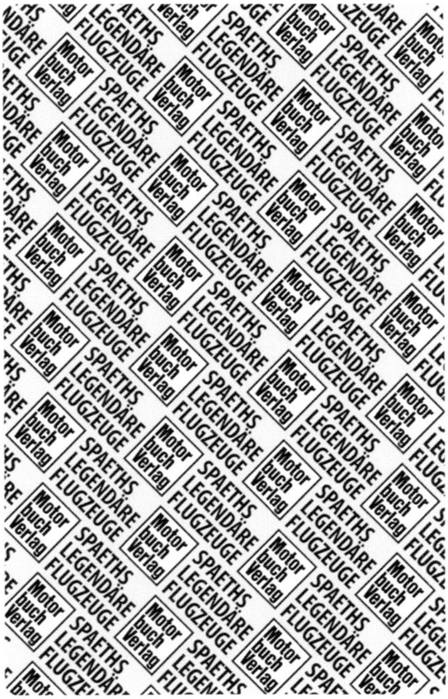
SPAETHS
LEGENDÄRE
FLUGZEUGE
Motor buch Verlag

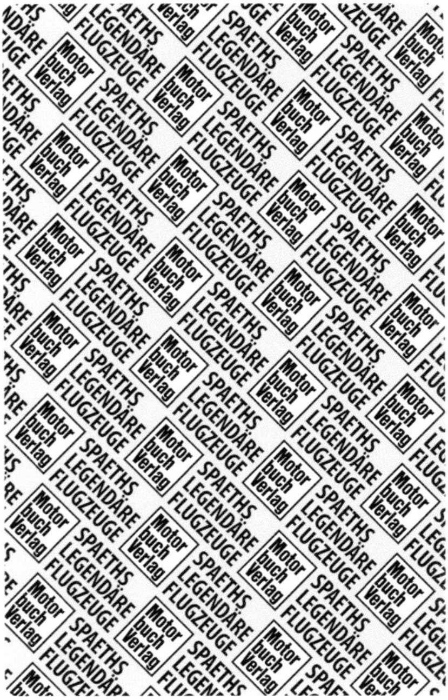
SPAETHS
LEGENDÄRE
FLUGZEUGE
Motor buch Verlag

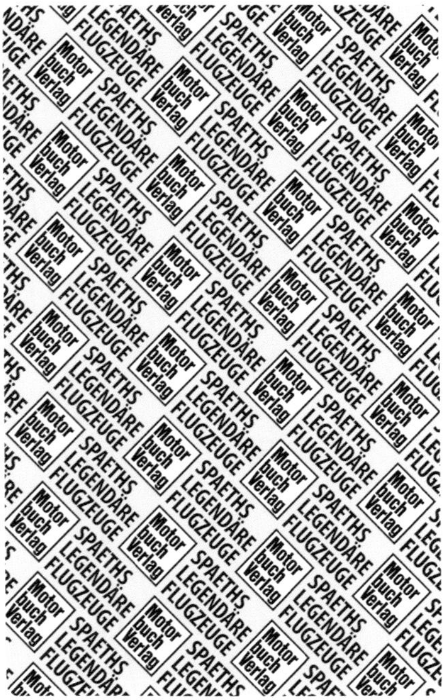
SPAETHS
LEGENDÄRE
FLUGZEUGE
Motor buch Verlag

SPAETHS
LEGENDÄRE
FLUGZEUGE
Motor buch Verlag

Boeing 737 — 7A

Typ:	Zweistrahliges Schmalrumpfflugzeug
Hersteller/Herkunft:	Boeing Commercial Airplanes, Seattle/USA
Erstflug:	9. April 1967
Indienststellung:	10. Februar 1968
Produktionszeit:	1967 bis heute
Anzahl gebaut:	11.925 bis Ende 2024
Länge:	39,47 m (alle Werte für 737-800)
Spannweite:	34,32 m
Reichweite:	ca. 5500 km
Reisegeschwindigkeit:	838 km/h
Sitze (typisch/max.):	175/189

Airbus A320 — 7B

Typ:	Zweistrahliges Schmalrumpfflugzeug
Hersteller/Herkunft:	Airbus, Toulouse/Frankreich
Erstflug:	22. Februar 1987
Indienststellung:	8. April 1988
Produktionszeit:	1987 bis heute
Anzahl gebaut:	6882 (nur A320ceo und neo, bis Ende 2024)
Länge:	37,57 m
Spannweite:	35,80 m
Reichweite:	6500 km (A320neo)
Reisegeschwindigkeit:	833 km/h
Sitze (typisch/max.):	164/186

Fokker 100 — 7C

Typ:	Zweistrahliges Regional-verkehrsflugzeug
Hersteller/Herkunft:	Fokker, Amsterdam-Schiphol/Niederlande
Erstflug:	30. November 1986
Indienststellung:	3. April 1988 bei Swissair
Produktionszeit:	1986 - 1997
Anzahl gebaut:	283
Länge:	35,53 m
Spannweite:	28,08 m
Reichweite:	2450 - 3170 km
Reisegeschwindigkeit:	845 km/h
Sitze (typisch/max.):	97/122

Airbus A318/A321 — 7D

Typ:	Zweistrahliger Schmalrumpf-Passagierjet
Hersteller/Herkunft:	Airbus, Toulouse/Frkr.
Erstflug:	A321: 11. März 1993/ A318: 15. Januar 2002
Indienststellung:	A321: 27. Januar 1994/ A318: Juli 2003
Produktionszeit:	A321: 1992 bis heute/ A318: 2001 - 2013
Anzahl gebaut:	A321: 3338 bis Nov. 2024/ A318: 80
Länge:	A321 (alle Werte A321neo): 44,51 m/A318: 31,45 m
Spannweite:	34,10 m
Reichweite:	A321: 6850 km/ A318: 2700 - 6000 km
Reisegeschwindigkeit:	828 km/h
Sitze (typisch/max.):	A321: 206/244/A318: 107/132

SPAETHS
LEGENDÄRE
FLUGZEUGE
Motor buch Verlag

SPAETHS
LEGENDÄRE
FLUGZEUGE
Motor buch Verlag

SPAETHS
LEGENDÄRE
FLUGZEUGE
Motor buch Verlag

SPAETHS
LEGENDÄRE
FLUGZEUGE
Motor buch Verlag

Boeing 757 — 8A

Typ:	Zweistrahliges Schmalrumpfflugzeug
Hersteller/Herkunft:	Boeing, Seattle/USA
Erstflug:	19. Februar 1982
Indienststellung:	1. Januar 1983
Produktionszeit:	1981 bis 2004
Anzahl gebaut:	1050
Länge:	47,32 m (alle Daten für 757-200)
Spannweite:	38,05 m
Reichweite:	4320 - 7870 km
Reisegeschwindigkeit:	850 km/h
Sitze (typisch/max.):	200/239

Airbus A350 — 8B

Typ:	Zweistrahliges Großraumflugzeug
Hersteller/Herkunft:	Airbus, Toulouse/Frankreich
Erstflug:	14. Juni 2013
Indienststellung:	15. Januar 2015
Produktionszeit:	2014 bis heute
Anzahl gebaut:	642 bis Ende 2024
Länge:	66,80 m
Spannweite:	64,75 m
Reichweite:	15.000 km
Reisegeschwindigkeit:	910 km/h
Sitze (typisch/max.):	300 - 350/440

Airbus A330 — 8C

Typ:	Zweistrahliges Großraumflugzeug
Hersteller/Herkunft:	Airbus, Toulouse/Frankreich
Erstflug:	2. November 1992
Indienststellung:	17. Januar 1994
Produktionszeit:	1992 bis heute
Anzahl gebaut:	1623 bis Ende 2024
Länge:	63,66 m
Spannweite:	60,30 m
Reichweite:	11.300 km
Reisegeschwindigkeit:	870 km/h
Sitze (typisch/max.):	300/440

Boeing 767 — 8D

Typ:	Zweistrahliges Großraumflugzeug
Hersteller/Herkunft:	Boeing Commercial Airplanes, Seattle/USA
Erstflug:	26. September 1981
Indienststellung:	8. September 1982
Produktionszeit:	1980 - 2014 (Passagierversion), als Frachter/Tanker bis heute
Anzahl gebaut:	973 i. d. Passagierversion, 1319 total bis Okt. 2024
Länge:	54,90 m (alle Daten für 767-300ER)
Spannweite:	47,60 m
Reichweite:	11.070 km
Reisegeschwindigkeit:	851 km/h
Sitze (max./typisch):	218/269

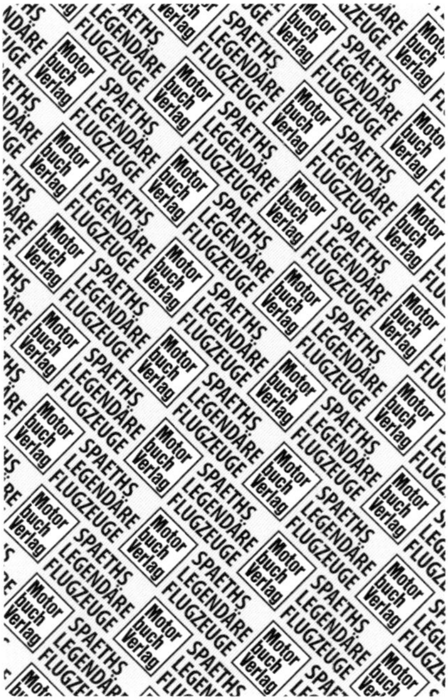
SPAETHS
LEGENDÄRE
FLUGZEUGE
Motor
buch
Verlag

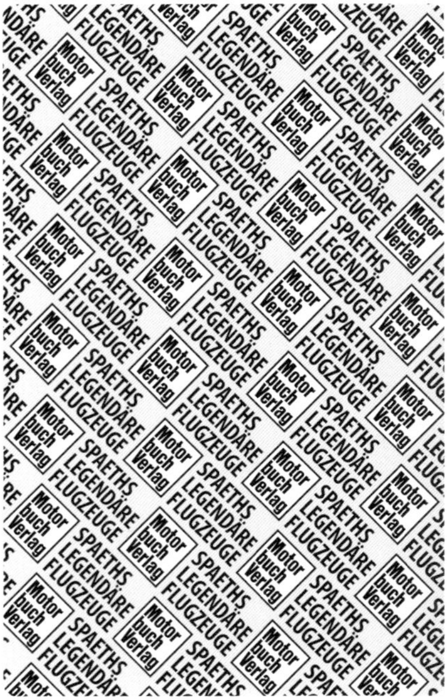
SPAETHS
LEGENDÄRE
FLUGZEUGE
Motor
buch
Verlag

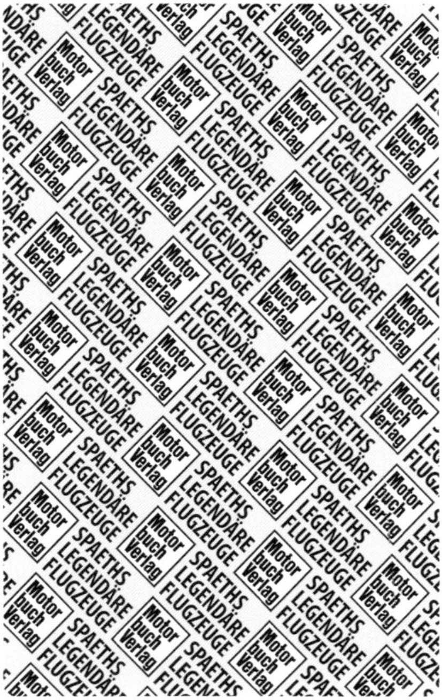
SPAETHS
LEGENDÄRE
FLUGZEUGE
Motor
buch
Verlag

SPAETHS
LEGENDÄRE
FLUGZEUGE
Motor
buch
Verlag